dumont taschenbücher

Harald Küppers, geboren 1928, erlernte den Beruf des Chemigrafen. Er spezialisierte sich zum Farbätzer und legte 1956 die Meisterprüfung ab. 1958 schloß er an der »Höheren Fachschule für das Graphische Gewerbe« (HTL) in Stuttgart ein Ingenieur-Studium ab. Seit 1960 ist er geschäftsführender Gesellschafter eines von ihm mitgegründeten Repro-Unternehmens.

Küppers ist durch seine Bücher zur Farbenlehre bekannt geworden: »Farbe – Ursprung, Systematik, Anwendung«; »Die Logik der Farbe« (beide Callwey-Verlag, München) und »Das Grundgesetz der Farbenlehre« und »DuMont's Farben Atlas« (beide DuMont Buchverlag, Köln). Er hat an Universitäten und Fachhochschulen Lehraufträge durchgeführt, zahlreiche Fachartikel geschrieben und Vorträge und Seminare gehalten. Einige seiner Bücher wurden in die Sprachen Englisch, Französisch, Spanisch und Japanisch übersetzt.

Im Bundesverband Druck e.V. wurde Küppers 1981 zum Vorsitzenden des Fachbereiches Reproduktionstechnik gewählt. Er ist Mitglied des Beirates »Reproduktionstechnik« der FOGRA (Deutsche Forschungsgesellschaft für Druck- und Reproduktionstechnik e.V.). Außerdem arbeitet er in verschiedenen Normenausschüssen mit, in denen es um Farbe geht. Im Deutschen Farbenzentrum e.V. ist er als Kuratoriumsmitglied verantwortlich für die Bereiche Farbentheorie und Kommunikationstechniken.

Seine Forschungen zur Farbentheorie hat Küppers auf rein privater Basis durchgeführt. Er hat dazu von keiner Seite finanzielle Unterstützung erhalten, weder von der Industrie noch von irgendwelchen staatlichen Stellen.

Harald Küppers

Die Farbenlehre der Fernseh-, Foto- und Drucktechnik

Farbentheorie der visuellen Kommunikationsmedien

DuMont Buchverlag Köln

Erläuterungen zum Titelbild s. S. 68

CIP-Kurztitelaufnahme der Deutschen Bibliothek

Küppers, Harald:
Die Farbenlehre der Fernseh-, Foto- und Drucktechnik :
Farbentheorie d. visuellen Kommunikationsmedien /
Harald Küppers. – Erstveröff. – Köln : DuMont, 1985.
(DuMont-Taschenbücher ; 163)
ISBN 3-7701-1726-3

NE: GT

Erstveröffentlichung

Satz und Druck: Rasch, Bramsche
Farbreproduktion: Wittemann + Küppers, Frankfurt/M.
Buchbinderische Verarbeitung: Boss-Druck, Kleve

Printed in Germany ISBN 3-7701-1726-3

Inhalt

Verzeichnis der Abkürzungen

AddGrf	Additive Grundfarbe
AddMi	Additive Mischung
B	Black = Schwarz
BA	Buntfarben-Addition
Bu M	Buntmenge
BVD	Bundesverband Druck
C	Cyanblau
CD	Compact Disc
D	Daylight
DIN	Deutsche Industrie Norm
EBV	Elektronische Bildverarbeitung
F	Farbnuance
FOGRA	Deutsche Forschungsgesellschaft für Druck- und Reproduktionstechnik e. V., München
G	Grün
Grf	Grundfarbe
IntMi	Integrierte Mischung
M	Magentarot
nm	Nanometer
NuMi	Nuancen-Mischung
O	Orangerot
OpMi	Optische Mischung
PMS	Präzisionsmeßstreifen
S	Schwarz
SpMi	Speed Mischung
SubGrf	Subtraktive Grundfarbe
SubMi	Subtraktive Mischung
Ubu M	Unbuntmenge
UCR	Under Color Removal
UGRA	Verein zur Förderung wissenschaftlicher Untersuchungen im Graphischen Gewerbe, Sankt Gallen/Schweiz
V	Violettblau
W	Weiß
Y	Yellow = Gelb

Vorwort

Zeitgeschichtlich gesehen geht die Epoche der Industriegesellschaft zu Ende. Die Informationsgesellschaft wird die nächste Entwicklungsstufe der Menschheit sein.

Fließbandarbeit wird in der Zukunft durch automatische Arbeitsabläufe ersetzt, die elektronisch gesteuert werden. Computer und deren Programmierung bestimmen das Tempo und die Qualität der weiteren technischen Entwicklung.

Vor 30 Jahren wurden Telefonverbindungen durch »Stöpseln« mit Hand ausgeführt. Dann waren es die elektromechanisch arbeitenden Relais, die diese Arbeit übernahmen. Jetzt bekommen wir den digitalisierten automatischen Selbstwähl-Fernsprechverkehr, der vollelektronisch funktioniert.

Informationen werden dem Menschen über die Sinnesorgane vermittelt. Schmecken, Riechen und Fühlen sind dabei die subjektiven Wahrnehmungen. Sie sind zwar von großer Erlebnisintensität, aber ungeeignet für objektive Informationsmitteilung, abgesehen natürlich von der Hilfsfunktion des Tastens beim »Lesen« der Blindenschrift. Für diese drei Sinnesempfindungen gibt es keine allgemeinverständlichen, logischen Theorien – was uns nicht erstaunt.

Anders ist es mit dem Hören und dem Sehen, denn Ohr und Auge sind die Empfangsstationen, bei denen Daten ankommen, die durch physikalische Reize fernübermittelt werden und aus denen das jeweilige Sinnesorgan dann akustische bzw. visuelle Informationen macht.

In diesem Buch geht es nur um jene visuellen, also optischen Informationsübermittlungen, die durch Reproduktionsprozesse zustande kommen. Diese Reproduktionsprozesse sind Fernsehen, Film und Foto (den beiden letzteren liegt natürlich das gleiche

Reproduktionsprinzip zugrunde) und Druck. Bei allen Reproduktionsprozessen kommt es darauf an, das Sinnesorgan des Betrachters bzw. Hörers so zu manipulieren, daß vorausgeplante Sinnesempfindungen entstehen.

Bei der visuellen Informationsübermittlung ist die Farbempfindung die Antwort des Sehorgans auf den von außen kommenden physikalischen Reiz, denn Sehen ist immer »Farbe sehen«. Formen werden nur deswegen wahrgenommen, weil es Farbunterschiede im Gesichtsfeld gibt. Der Betrachter erhält dadurch visuelle Informationen, daß in seinem Sinnesorgan Farbempfindungen entstehen.

Dieses Buch hat den Zweck, allgemeinverständlich den Zusammenhang zwischen dem Sehen und den Reproduktionstechnologien zu erklären. Der Autor kommt zu dem Schluß, daß es für die Buntfotografie keine technologische Alternative gibt. Für das Buntfernsehen und für den Buntdruck existieren aber Alternativen zu den heute üblichen Technologien. In diesen beiden technischen Bereichen ist es heute üblich, Buntbilder durch »Buntaufbau« entstehen zu lassen. Dabei werden die Unbuntwerte der Farbnuancen dadurch gebildet, daß sich bunte Farben gegenseitig neutralisieren.

Für das Buntfernsehen wie für den Buntdruck gibt es aber die Alternative des »unbunten Bildaufbaus«. Dabei werden die Unbuntwerte durch die beiden unbunten Grundfarben Weiß und Schwarz hervorgebracht. Für Buntfernsehen und Buntdruck sind Technologien denkbar, bei denen sechs bunte Grundfarben eingesetzt werden. Dadurch würde sich die Stabilität der Prozesse enorm verbessern, und es wäre eine bessere Farbwiedergabe möglich.

Verbindlich bedankt sich der Autor bei der FOGRA (Deutsche Forschungsgesellschaft für Druck- und Reproduktionstechnik e.V.), insbesondere bei den Herren Brune und Dr. Dolezalek für die Durchsicht jener Manuskriptteile, die sich auf die Standardisierung der Druckbedingungen beziehen.

Der Druckfarbenfabrik Gebr. Schmidt, insbesondere den Herren Dr. Schaal und Herold, ist der Autor zu Dank verpflichtet für die intensive und erfolgreiche Zusammenarbeit in bezug auf die Entwicklung der in diesem Buch verwendeten Druckfarben Violettblau, Grün und Orangerot.

Wie es zum Sehen kommt

»Farbe« ist immer die Sinnesempfindung Farbe. Das Sehorgan ist ein Instrument zur Erzeugung von Farbempfindungen. Es ist zu vergleichen mit einem Musikinstrument, zum Beispiel einer Gitarre: Um auf der Gitarre einen Ton hervorzubringen, bedarf es eines physikalischen Anstoßes – der Finger zupft an einer Saite und bringt sie zum Schwingen. Es entsteht ein bestimmter musikalischer Ton. Analog haben wir uns die Arbeitsweise des Sehorgans vorzustellen.

Im Sehorgan entstehen Farb-»Töne«. Auch hier bedarf es (normalerweise) eines von außen kommenden physikalischen Anstoßes, nämlich des sogenannten »Farbreizes«. Er versetzt die Empfindungsmechanismen des Organs in Schwingungen. Den prinzipiellen Ablauf von Ursache und Wirkung, der schließlich zur Farbempfindung führt, veranschaulicht Abb. 1.

Am Anfang steht eine Emissionsquelle, von der Energiestrahlen ausgesendet werden. Jene elektromagnetischen Energiestrahlen mit Wellenlängen zwischen etwa 400 nm und 700 nm nennen wir Licht.

Lichtstrahlen fallen auf Materie, auf einen Gegenstand oder auf irgendein Material. Materie verschluckt (absorbiert) Lichtstrahlen, und zwar werden, je nach molekularer Struktur, individuell bestimmte Wellenlängen absorbiert. Der nicht absorbierte Teil wird zurückgeworfen (reflektiert), wenn es sich um undurchsichtiges (deckendes) Material handelt, oder aber er wird durchgelassen (transmittiert), wenn es sich um durchsichtiges (transparentes bzw. lasierendes) Material handelt. Diejenigen Lichtstrahlen, die nicht von der Materie absorbiert worden sind, fallen ins Auge des Betrachters. Man nennt sie »Farbreiz«. Mit anderen Worten: Material unterscheidet sich visuell dadurch, daß es unterschiedliche Teile des Beleuchtungslichtes absorbiert und demgemäß verschiedene

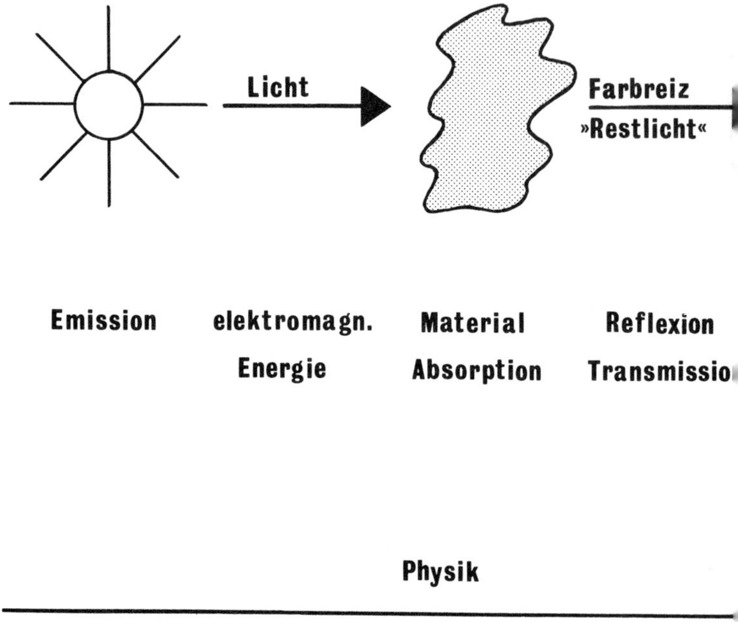

1 Die Wirkungskette zwischen Licht und Farbempfindung.

Farbreize entstehen läßt. Der Farbreiz ist also das, was vom Beleuchtungslicht nach dem Absorptionsvorgang übriggeblieben ist. Man kann ihn deshalb auch als »Restlicht« bezeichnen.

Das Auge ist die Empfängerstation des Sehorgans. Es übernimmt die von außen kommende Energie des Farbreizes und wandelt sie in organeigene Energieimpulse um. Diese werden als Code über die Nervenbahnen zum Gehirn geleitet. Dort erst gibt es »Farbe«, denn dort erst entsteht Farbempfindung.

Demnach besteht die physikalische Welt aus farbloser Materie und farbloser Energie. Die im Auge »abgelieferten« Farbreize sind nichts anderes als Daten, die im Sehorgan verarbeitet werden, um daraus Informationen entstehen zu lassen. Diese Informationen geben Auskunft über Zustand und Beschaffenheit der Umwelt oder aber über abstrakt vermittelte Inhalte, wenn es um Schrift oder um Zeichen geht.

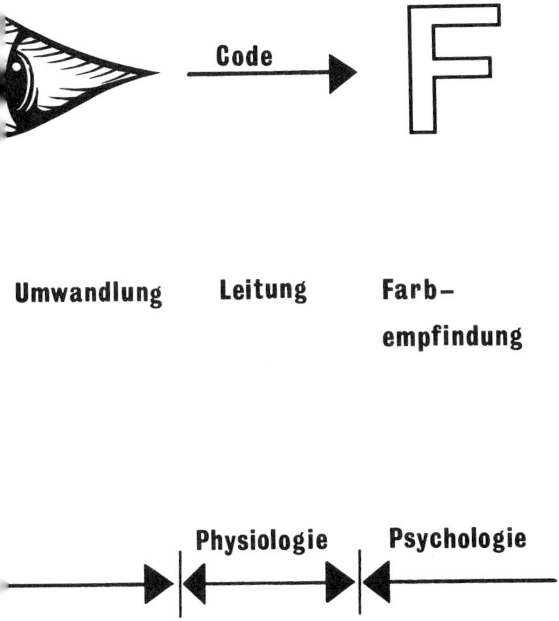

Lichtstrahlen sind farblose Energiestrahlen. Sie sind das Transportmittel, das »Vehikel«, mit dem die Daten von den verschiedensten Punkten der Umwelt ins Auge des Betrachters befördert werden. Bildpunkt für Bildpunkt baut das Sehorgan aus dieser kontinuierlich auf die Netzhaut fallenden Datenmenge Farbempfindungen auf, aus denen das gesehene Bild des Gesichtsfeldes entsteht.

Abb. 2 zeigt schematisch ein Spektrum, in dem die sichtbaren Energiestrahlen, also die elektromagnetischen Wellenlängen zwischen 400 nm und 700 nm ihrer Größe nach angeordnet sind. Das Spektrum beginnt mit den kurzen Wellenlängen der linken Seite und endet mit den langen auf der rechten. Mit anderen Worten: Auf der Abszisse dieses rechtwinkligen Koordinatensystems sind die Wellenlängen ihrer Größe nach aufgetragen. Auf seiner Ordinate, also in Richtung nach oben, wird die relative Intensität angegeben. Wenn sämtliche sichtbaren Lichtstrahlen in gleicher Intensität vorhanden

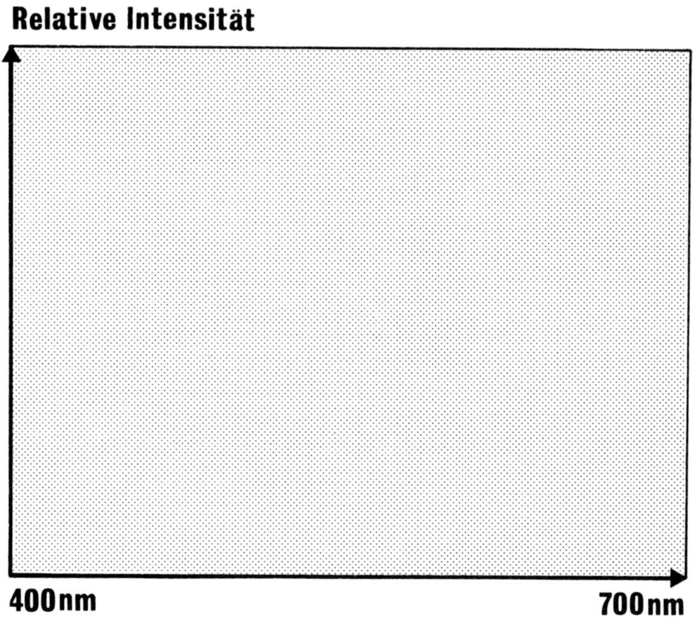

2 Schematische Darstellung des Spektrums. Horizontal sind die sichtbaren Energiestrahlen nach Wellenlängen angeordnet. Vertikal wird die relative Intensität aufgetragen.

sind, wie das in Abb. 2 durch die ausgefüllte Fläche gekennzeichnet ist, haben wir es mit einem sogenannten »energiegleichen Spektrum« zu tun. Das direkte Sonnenlicht ist in etwa so zusammengesetzt.

Fällt dieses Sonnenlicht zum Beispiel auf das grüne Blatt einer Pflanze, dann wird ihm ein Teil seiner Strahlungsenergie durch Absorption entzogen. Die Pflanze »benutzt« diese Energie, die für sie zum Leben und Wachsen unverzichtbar ist. Der nicht absorbierte Teil des Sonnenlichts, welches auf dieses Blatt fällt, wird reflektiert. Er fällt als Farbreiz ins Auge des Betrachters, der eine grüne Farbe wahrnimmt. Ein entsprechender Farbreiz ist in Abb. 3 als »Reflexionskurve« bzw., was dasselbe ist, als »Farbreizfunktion« gezeigt. Dieser Farbreiz fällt durch die Iris des Auges auf die Netzhaut.

In die Netzhaut sind winzig kleine Empfängerzellen, sogenannte »Sehzellen«, eingebettet, die auf diese Energiestrahlung reagieren. Auf einen mm^2 kommen etwa 15000 Sehzellen. Es gibt zwei verschiedene Typen von Sehzellen, nämlich die »Stäbchen« und die »Zapfen«.

Mit den Stäbchen brauchen wir uns hier nicht weiter zu befassen. Sie haben für die Farbenlehre insofern keine besondere Bedeutung, als sie lediglich die Funktion haben, dem Menschen noch bei minimalem Beleuchtungsniveau eine Orientierung zu ermöglichen. Man schließt das aus der Tatsache, daß jene Leute, bei denen die Stäbchen nicht funktionieren, »nachtblind« sind. Es wäre aber auch eine andere Erklärung für das Vorhandensein der Stäbchen denkbar. Der Autor vermutet, daß sie die Aufgabe haben, die Korrekturmechanismen des Sehorgans zu steuern: die »Adaptation« als Anpassung an die Intensität der Beleuchtung; die »Umstimmung« als Anpassung an die spektrale Zusammensetzung des Beleuchtungslichts; die Verstärkung des »Simultankontrasts« der Unterschiede, durch den das Aussehen von Farbnuancen sich in Abhängigkeit von ihren Umweltfarben verändert.

Bei den Zapfen gibt es drei verschiedene Arten, die für verschiedene Spektralbereiche empfindlich sind. Abb. 4 zeigt die Empfindlichkeitskurven für die jeweiligen Zapfentypen, die auf kurzwellige

3 Reflexionskurve einer grünen Farbe.

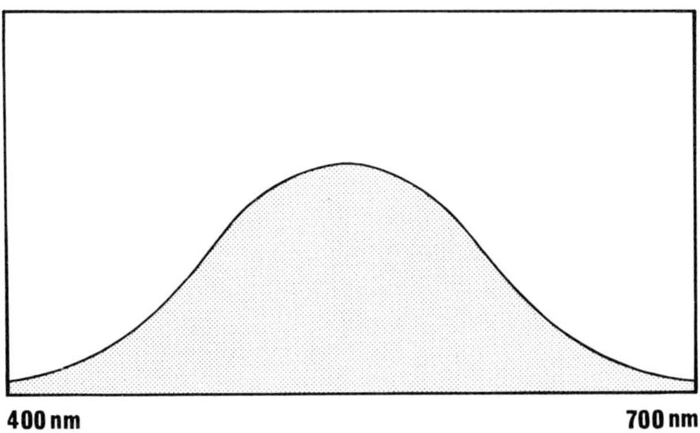

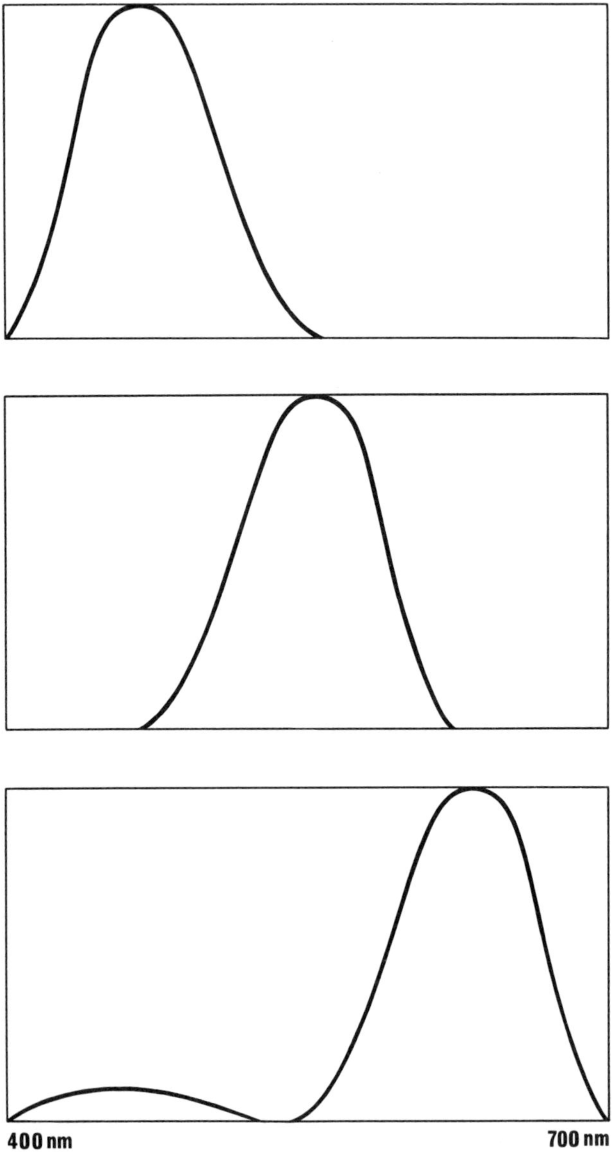
400 nm
700 nm

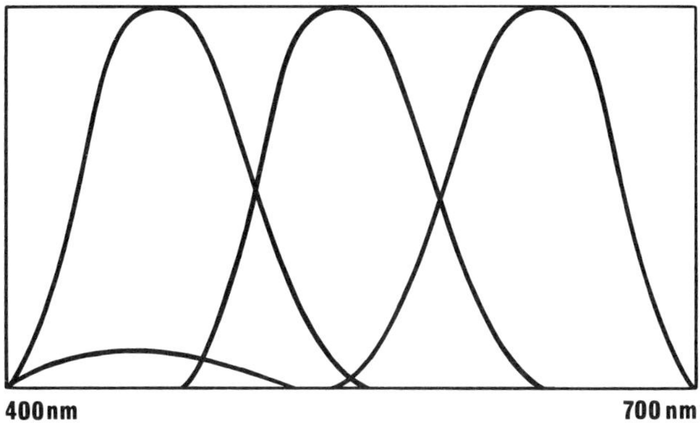

5 Darstellung der Empfindlichkeitsbereiche der drei Zapfentypen.

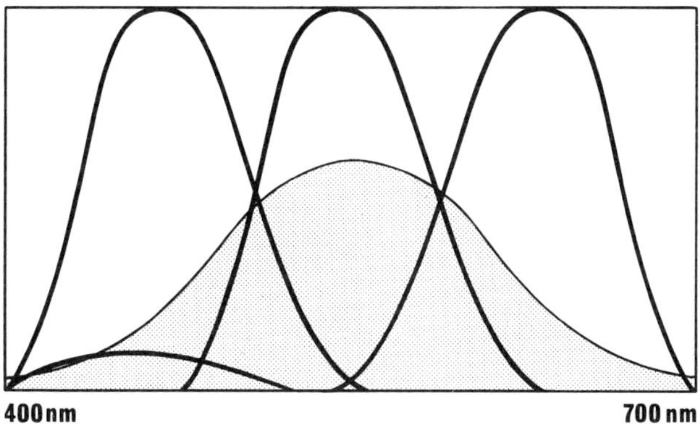

6 Die drei Zapfentypen werden von der Reflexion, die von einem grünen Blatt kommt, unterschiedlich angesprochen.

◁ 4 Schematische Darstellung der Sensibilitätsbereiche der drei Zapfentypen: oben die Empfindlichkeit für kurzwellige Strahlung, in der Mitte für mittelwellige und unten für langwellige.

(oben), mittelwellige (Mitte) langwellige Strahlen (unten) reagieren. Die einzelnen Kurven veranschaulichen, daß die drei Zapfentypen auf Wellenlängen, die kürzer oder länger sind als ihr jeweiliger Empfindlichkeitsbereich, überhaupt nicht ansprechen: die oberste Kurve zum Beispiel zeigt den Empfindlichkeitsbereich des Zapfentyps für kurzwellige Strahlungen. Strahlungen, die kürzer sind als 400 nm, werden von ihm gar nicht registriert. Bei etwa 400 nm zeigt er eine ganz leichte Reaktion. Die Reaktion wird immer größer, je größer die Wellenlänge wird, bis bei etwa 448 nm ein Maximum erreicht ist. Bei größer werdenden Wellenlängen vermindert sich die Reaktion wieder, um in der Mitte des Spektrums auf Null abzusinken. Analog verhält es sich mit den beiden anderen Zapfentypen.*

In Abb. 5 sind die Empfindlichkeitskurven aller drei Zapfentypen eingetragen. Abb. 6 zeigt, wie diese von dem Farbreiz, den wir als Beispiel in Abb. 3 gezeigt hatten, unterschiedlich angesprochen werden: Je nachdem, wie stark die drei verschiedenen Zapfen an einem Punkt auf der Netzhaut durch den Farbreiz aktiviert werden, entstehen drei verschiedene elektrische Impulse, die durch die Nervenbahnen zum Gehirn geleitet werden, wo es dann zur Farbempfindung kommt.

Die drei Leitungssysteme, in denen die elektrischen Potentiale vom Auge zum Gehirn laufen, haben wir uns als die drei Empfindungskräfte des Sehorgans vorzustellen. Dem Zapfentyp, der für kurzwellige Strahlungen empfindlich ist, ist die Empfindungskraft Violettblau (V), jenem, der auf mittelwellige Strahlen reagiert, die Empfindungskraft Grün (G) und jenem, der für langwellige Strahlen empfindlich ist, die Empfindungskraft Orangerot (O) zugeordnet.**

---

* Auf die merkwürdige Tatsache, daß der unten dargestellte Zapfentyp eine geringere Empfindlichkeit auch im kurzwelligen Bereich besitzt, soll hier nicht weiter eingegangen werden (s. die entsprechende Literatur).

** Die Funktionsweise des Sehorgans wurde hier bewußt sehr kurz dargestellt. Ausführliche Erklärungen findet man in den Büchern des Autors »Das Grundgesetz der Farbenlehre« und »Farbe – Ursprung, Systematik, Anwendung« (s. Bibliografie).

Grundfarben	Urfarben V	G	O
W	○	○	○
Y	—	○	○
M	○	—	○
C	○	○	—
V	○	—	—
G	—	○	—
O	—	—	○
S	—	—	—

7 Den drei Urfarben entsprechen die acht Grundfarben.

Diese drei Empfindungskräfte sind die eigentlichen »Urfarben«. Je nach Zusammensetzung des Farbreizes werden sie unterschiedlich angesprochen und veranlaßt, entsprechende elektrische Potentiale zu bilden, die als »Code« durch die Nervenbahnen ins Gehirn geleitet werden.

In jeder Urfarbe können Potentiale gebildet werden, die zwischen einem Minimum und einem Maximum schwanken. Die Vielfalt aller Farbempfindungen entsteht durch die gegebenen Variationsmöglichkeiten aller drei Potentiale miteinander.

Durch das Vorhandensein der drei Empfindungskräfte des Sehorgans, der drei Urfarben, ergeben sich acht extreme Empfindungsmöglichkeiten. Das sind die acht Grundfarben. Abb. 7 erläutert den Sachverhalt: Für jede Urfarbe ist eine vertikale Spalte vorhanden. Die Kreuze bedeuten maximales Potential, die Striche minimales.

Man erkennt, daß die Farbempfindung Weiß (W) dadurch entsteht, daß in allen drei Urfarben volles Potential gebildet wird. Die Grundfarben Gelb (Y = Yellow), Magentarot (M) und Cyanblau (C) ergeben sich, wenn nur in zwei Urfarben das volle Potential vorhanden ist und die dritte Urfarbe dabei ausgeschaltet bleibt. Mit den Grundfarben Violettblau (V), Grün (G) und Orangerot (O) haben wir es dann zu tun, wenn nur in einer Urfarbe das volle Potential gebildet wird und die beiden anderen Urfarben nicht »mitspielen«. Zur Grundfarbe Schwarz (S) kommt es, wenn in keiner der drei Urfarben Potential vorhanden ist.*

---

* Natürlich ist die physiologische Erklärung des Sehens nicht ganz so einfach, wie sie hier aus didaktischen Gründen dargestellt wird. Ziel dieses Buches ist es, für jedermann leicht verständlich zu sein. Deshalb wurde so weit, wie es verantwortbar erscheint, simplifiziert. Dadurch sollen die wesentlichen Zusammenhänge deutlich herausgestellt werden.

Die Gegenfarben-Theorie wurde überhaupt nicht angesprochen, weil sie für das Verständnis nicht benötigt wird und den Leser nur verwirren würde. Nach Ansicht des Autors handelt es sich bei der Gegenfarben-Theorie ohnedies nur um eine unbewiesene Spekulation, die der Natur unterstellt, einen Mechanismus hervorgebracht zu haben, der in bezug auf Arbeitsweise und Ziel völlig unlogisch und unzweckmäßig wäre.

Was sind Farbmischgesetze?

Farbmischgesetze sind Manipulationsmöglichkeiten des Sehorgans. Sie erklären sich aus dessen Arbeitsweise. Durch die Wirkungskette, in Abb. 1 dargestellt, wird der Zusammenhang klar.

Immer kommt es bei Reproduktionsprozessen darauf an, einen Farbreiz entstehen zu lassen, der das Sehorgan eines Betrachters so provoziert, daß die gewünschte Farbempfindung hervorgebracht wird. Die Manipulation, die Modulation des Farbreizes kann aber an verschiedenen Stellen der in Abb. 1 gezeigten Wirkungskette stattfinden. Es kann direkt der ins Auge fallende Farbreiz selbst manipuliert werden. Das geschieht zum Beispiel bei der Technik des Fernsehens.

Die Manipulation kann aber auch im Materialbereich erfolgen. Dabei werden dem weißen Licht der Allgemeinbeleuchtung durch Absorption gezielt bestimmte spektrale Anteile entzogen. Das »Restlicht« repräsentiert dann den gewünschten Farbreiz. Diese Manipulation im Materialbereich kann auf zwei grundsätzlich verschiedene Arten durchgeführt werden, mit lasierenden Farbmitteln oder mit deckenden.

Wenn mit lasierenden Farbmitteln gearbeitet wird, werden Filterschichten hintereinandergeschaltet. Dem Licht, das nacheinander durch verschiedene Filterschichten fällt, werden durch Absorption jene spektralen Anteile entzogen, die für den gewünschten Farbreiz nicht gebraucht werden. Das ist bei der Film- und Fototechnik der Fall. Dieses Prinzip liegt aber auch dem konventionellen Mehrfarbendruck zugrunde.

Wenn mit deckenden Farbmitteln gearbeitet wird, wie das zum Beispiel bei der Mischung von deckenden Oberflächenlacken oder bei Künstler-Ölfarben der Fall ist, ist das Prinzip der Manipulation ein völlig anderes: der Mengenaustausch. Dazu müssen sämtliche acht Grundfarben zur Verfügung stehen, denn die deckenden Farbmittel werden zuerst gemischt und dann in einer einzigen deckenden Farbschicht aufgetragen, wobei die Farbe des Untergrundes nicht mitwirkt. Soll dabei die deckende Farbschicht weiß aussehen, muß die Grundfarbe Weiß zur Verfügung stehen, soll sie schwarz aussehen, die Grundfarbe Schwarz. Soll sie violettblau aussehen, muß die Grundfarbe Violettblau vorhanden sein. Soll sie magentarot aussehen, muß die Grundfarbe Magentarot eingesetzt werden. Denn die eine deckende Farbschicht repräsentiert immer die »mathematische Menge 1« bzw. 100%. Eine deckende Grundfarbe kann deshalb nicht durch Mischung anderer deckender Grundfarben zustande kommen. Das wird später ausführlich erklärt.

Wenn man Abb. 1 nochmals betrachtet, versteht man, daß Reproduktionstechniken in den Ablauf der gezeigten Wirkungskette eingreifen. Je nachdem, an welcher Stelle dies geschieht, haben wir es scheinbar mit einem anderen Farbmischgesetz zu tun. Im Prinzip handelt es sich aber immer um den gleichen Vorgang, nämlich um die Manipulation des Farbreizes. Je nachdem, an welcher Stelle der Wirkungskette eingegriffen wird, sind jedoch die Mittel ganz verschieden. Demzufolge sind Farbmischgesetze immer Interpretationsmöglichkeiten jener Gesetzmäßigkeit, nach der das Sehorgan arbeitet.

---

* Bei Physikern und Reprofotografen ist es leider üblich, die Farbnamen Blau und Rot für Violettblau und Orangerot zu verwenden. Darauf sollte verzichtet werden, denn es gibt jeweils zwei blaue und zwei rote Grundfarben. – Fotografen verwenden den Farbnamen Blaugrün für Cyanblau und den Farbnamen Purpur für Magentarot. – Drucker bezeichnen Cyanblau als Blau und Magentarot als Rot. – Maler und Farbgestalter meinen Violettblau, wenn sie Violett sagen, und Orangerot, wenn sie Orange sagen. – Aus pädagogischen und didaktischen Gründen sollten einheitlich die hier vorgeschlagenen Farbnamen eingeführt werden. Dabei ist es sinnvoll, daß die alten Farbbezeichnungen, zum Beispiel bei der Beantwortung von Prüfungsfragen, in Klammern mitgeführt werden, solange dort noch keine Aktualisierung erfolgt ist. Im übrigen muß der Lernende ja sowieso die alten Farbnamen kennenlernen, damit er die entsprechende Literatur versteht.

Namen und Begriffe

Die drei Empfindungskräfte des Sehorgans werden **Urfarben (Urf)** genannt. Sie haben die Farbnamen:

V = Violettblau
G = Grün
O = Orangerot

Die acht extremen Empfindungsmöglichkeiten, die das Sehorgan hervorbringen kann, und gleich aussehende Farbmittel bzw. Filterschichten oder Farblichter werden **Grundfarben (Grf)** genannt. Sie haben die Farbnamen:

W = Weiß
Y = Gelb (Yellow)
M = Magentarot
C = Cyanblau
O = Orangerot
G = Grün
V = Violettblau
S = Schwarz

Im Interesse von Eindeutigkeit und Unverwechselbarkeit wird empfohlen, diese Farbnamen zu verwenden.* (Fußnote s. S. 20)

Es gibt zwei **unbunte** Grf, nämlich W und S, und sechs **bunte,** nämlich Y, M, C, O, G und V. Jede Farbnuance hat einen **Buntwert** und einen **Unbuntwert.** Beim Mischen entstehen **Buntmengen** und **Unbuntmengen.**

Wenn die Unbuntwerte bei einer Bildreproduktion aus Teilmengen bunter Grf gebildet werden, sprechen wir vom **Buntaufbau.** Werden sie aus Teilmengen unbunter Grf gebildet, sprechen wir von **Unbuntaufbau.**

Die sinnvolle und sprachlich richtige Bezeichnung für Fernsehen ohne bunte Farben ist **Unbuntfernsehen,** für Fernsehen mit bunten Farben **Buntfernsehen.***
Fotografie ohne bunte Farben ist demnach **Unbuntfotografie,** mit bunten Farben **Buntfotografie.** Dasselbe gilt analog für den Druck. Druck ohne bunte Farben ist **Unbuntdruck,** solcher mit bunten Farben **Buntdruck.****

Die orthodoxe Unterscheidung zwischen Additiver Mischung und Subtraktiver Mischung entspricht nicht mehr dem heutigen Erkenntnisstand der Farbenlehre.***

Wenn in diesem Buch von **Additiver Mischung (AddMi)** gesprochen wird, ist damit gemeint, daß die Farbreize der Grf V, G und O im verdunkelten Raum als Farblichter zur Verfügung stehen und sich auf der Netzhaut des Betrachters gleichzeitig überlagern.

---

* Das Wortgebilde Schwarz-Weiß-Fernsehen ist ein sprachliches Unikum. Denn »Schwarz-Weiß-Fernsehen« müßte aussehen wie Scherenschnitte. Zu den unbunten Farben gehören natürlich neben S und W alle Grautöne. Auch der Begriff »Farbfernsehen«, der sich in der Umgangssprache eingebürgert hat, ist sprachlich falsch. Er muß durch »Buntfernsehen« ersetzt werden, denn das Wort »Farbe« impliziert in der deutschen Sprache keineswegs, daß es sich um bunte Farbe handeln muß. Auch S und W sind Farben, nämlich unbunte Farben. Wenn es möglich war, in den Schulen statt »Kilogramm« den Begriff »Kilopond« und statt »Millibar« den Begriff »Hektopascal« einzuführen, sollte es auch möglich sein, daß unsere Kinder in den Schulen die Begriffe »Buntfernsehen« und »Unbuntfernsehen« lernen.

** Es ist üblich, zwischen einfarbigen und mehrfarbigen Drucken zu unterscheiden. Der Begriff »einfarbig« sagt aber noch gar nichts darüber aus, ob mit einer bunten oder einer unbunten Farbe gedruckt worden ist. Andererseits kann ein mehrfarbiger Druck durchaus unbunt sein, wenn zum Beispiel eine schwarze und eine graue Druckfarbe verwendet worden sind. Diese Beispiele zeigen, daß es auch im Bereich der Druckindustrie geboten ist, mit zutreffenden Begriffen zu arbeiten.

*** Aus pädagogischen und didaktischen Gründen wird empfohlen, die hier genannten präziseren Begriffe zu verwenden. Dadurch wird den Lernenden das Verstehen der Zusammenhänge ganz wesentlich erleichtert.

Wenn die Mischung durch kurzzeitigen Wechsel der Farbreize auf der Netzhaut zustande kommt, wie das bei der Drehscheibe oder beim Film der Fall ist, wird diese Mischgesetzmäßigkeit **Speed Mischung (SpMi)** genannt.

Der Begriff **Subtraktive Mischung (SubMi)** wird hier nur für jene Gesetzmäßigkeit verwendet, die gilt, wenn Filterschichten der bunten Grf Y, M und C in ihrem Absorptionsvermögen zusammenwirken, wie das bei der Buntfotografie oder beim Buntdruck der Fall ist.

Wenn Flächenelemente so klein sind, daß sie unter dem Erkennungsvermögen des menschlichen Auges liegen, wie zum Beispiel bei winzigen Rasterpunkten, vermischen sich ihre Remissionen beim Sehen. Diese Gesetzmäßigkeit wird **Optische Mischung (OpMi)** genannt.

Von **Autotypischer Mischung** spricht man im Buntdruck, wenn bei Rastertechnik die Gesetze der SubMi und der OpMi zusammenwirken. Dabei entstehen die einzelnen Flächenelemente durch SubMi. Sie vermischen sich aber durch OpMi zur gesehenen Farbnuance, weil die winzigen Rasterpunkte nicht einzeln erkannt werden können.

Die **Integrierte Mischung (IntMi)** ist jene Gesetzmäßigkeit, bei der sämtliche acht Grundfarben zur Verfügung stehen und bei der die Unbuntwerte prinzipiell durch Teilmengen der unbunten Grundfarben Weiß und Schwarz gebildet werden. Da dieses Mischgesetz auch für Reproduktionsprozesse eine besondere Bedeutung hat, ist ihm das folgende Kapitel gewidmet.

Wenn beliebige Pigmente und Färbemittel miteinander vermischt werden, ist eine völlig andere Gesetzmäßigkeit gültig als bei der SubMi und der IntMi. In diesem Fall wird die Begriffsbezeichnung **Nuancen-Mischung (NuMi)** verwendet.*

Primärfarben sind beim Fernsehen die Grundfarben V, G, und O, bei der Fotografie und beim Druck die Grundfarben Y, M und C.

---

* In dem Buch des Autors »Die Logik der Farbe« (s. Bibliografie) werden elf Farbmischgesetze qualitativ und quantitativ detailliert beschrieben.

Sekundärfarben sind beim Fernsehen die Grundfarben Y, M und C, bei der Fotografie und beim Druck die Grundfarben V, G und O.

Tertiärfarben sind beim Fernsehen solche Farbnuancen, die aus Teilmengen der drei bunten Grundfarben V, G und O zusammengesetzt sind. Bei der Fotografie entstehen Tertiärfarben durch Teilmengen der drei bunten Grundfarben Y, M und C. Beim Druck können Tertiärfarben entweder durch Teilmengen der drei bunten Grundfarben Y, M und C entstehen oder dadurch, daß Teilmengen mindestens einer bunten Druckfarbe mit der unbunten Druckfarbe S zusammenkommen.

Unter **reinen bunten Farben** verstehen wir beim Fernsehen solche Farbnuancen, die durch Teilmengen von maximal zwei bunten additiven Grundfarben entstehen. Bei der Fotografie und beim Druck werden reine bunte Farben durch Teilmengen von maximal zwei bunten subtraktiven Grundfarben gebildet.

Unreine Farben sind beim konventionellen Fernsehen solche, die durch unterschiedliche Teilmengen der drei bunten additiven Grundfarben entstehen. Bei der Fotografie entstehen sie durch unterschiedliche Teilmengen der drei bunten subtraktiven Grundfarben. Beim Druck können sie entweder durch unterschiedliche Teilmengen der drei bunten subtraktiven Grundfarben oder durch Teilmengen von mindestens einer bunten Druckfarbe entstehen, die mit Teilmengen der unbunten Druckfarbe Schwarz zusammenkommen.

Unbunte Farben sind die neutralen Farbnuancen, also die unbunten Grundfarben W und S und sämtliche Mischungen aus ihnen, also sämtliche dazwischenliegenden Grautöne.

Mit **Farbnuance** ist das Aussehen einer Bildstelle gemeint, unabhängig davon, ob es sich um eine reine bunte, um eine unreine oder um eine unbunte Farbe handelt.

Um die Übersicht der Begriffe zu vervollständigen, sollen hier noch kurz die **äthetischen Unterscheidungsmerkmale** der Farben, die sogenannten **Anmutungsqualitäten** genannt werden:

Die **Buntart** ist die Art des Buntseins der Buntmenge einer Farbnuance, also das, was Grün von Rot unterscheidet. (Früher hieß dieses Unterscheidungsmerkmal »Farbton«. Heute findet man gelegentlich auch den Begriff »Buntton« dafür.)

Die **Unbuntart** ist die Art des Unbuntseins der Unbuntmenge einer Farbnuance, also das, was Schwarz von Grau oder von Weiß unterscheidet.

Der **Buntgrad** ist das Ausmaß des Buntseins einer Farbnuance, was gleichbedeutend ist mit der relativen Größe der Buntmenge. Der **Unbuntgrad** ist der reziproke Wert dazu, nämlich das Ausmaß des Unbuntseins der Farbnuance bzw. die relative Größe ihrer Unbuntmenge. (Das Unterscheidungsmerkmal Buntgrad hieß früher »Sättigung«. Heute findet man dafür gelegentlich den Begriff »Buntheit«.)

Als **Helligkeit** wird die visuell empfundene Hellwirkung einer Farbnuance gekennzeichnet. Der Maßstab für die Helligkeit, das Helligkeitsmaß, ist die Reihe sämtlicher Unbuntstufen. Die Helligkeit einer Farbnuance ergibt sich durch die als gleichhell empfundene Unbuntstufe.

Das Gesetz der Integrierten Mischung (IntMi)

Das Gesetz der IntMi ist eigentlich nichts anderes als eine Beschreibung der Arbeitsweise des Sehorgans. Wir haben erfahren, daß im Sehorgan die drei Empfindungskräfte V, G und O wirksam sind, die wir Urfarben genannt haben. Diese drei Empfindungskräfte zeigen uns die »physiologische Technik«, die das Organ im Laufe seiner menschheitsgeschichtlichen Entwicklung hervorgebracht hat, um die so vielfältig differenzierten Farbempfindungen entstehen zu lassen.

Farbempfindung selbst ist immer psychologischer Natur, worauf bereits in Abb. 1 hingewiesen wurde. Farbempfindung ist Information, die vom Betrachter gefühlsmäßig und instinkthaft eingeordnet und bewertet wird. Jede einzelne Farbnuance ist als Information eine von unzählig vielen Farbempfindungen. Jede Farbnuance hat den gleichen Informationswert und deshalb die gleiche Bedeutung – ebenso wie in unseren Zahlensystemen jede Ziffer mit jeder anderen gleichrangig ist oder in unserem Alphabet jeder Buchstabe mit jedem anderen.

Natürlich kann das »Informationssystem Farbe« seinem Besitzer nur dann optimal nützen, wenn dessen Sehorgan gesund ist, wenn es normal arbeitet, wenn es in der Lage ist, sämtliche möglichen Farbempfindungen hervorzubringen.

Um zu veranschaulichen, daß jede Farbnuance, also jede Farbempfindung, gleichwertig ist mit jeder anderen, ordnen wir ihr den mathematischen Wert 1 zu bzw. 100%, was prinzipiell das gleiche ist. Denn unabhängig davon, welche Urfarben-Potentiale entstanden sind: Am Ende des physiologischen Prozesses steht immer die eine Farbempfindung.

Diesen Zusammenhang verdeutlicht Abb. 8. Wir sehen auf der linken Seite einen größeren Kasten und auf der rechten einen kleineren. Der linke Kasten ist in drei senkrechte Streifen aufgeteilt. Sie dienen uns zur Darstellung der drei Urfarben-Potentiale in Form von Stabdiagrammen. Im rechten Kasten wird die resultierende Farbempfindung gezeigt.

Der Farbreiz, der für die Farbnuance dieses Beispiels ins Auge gefallen ist, hat dazu geführt, daß für die Urfarbe V ein Potential von 60 %, für die Urfarbe G ein solches von 10 % und für die Urfarbe O ein solches von 85 % gebildet worden ist.

Im Kasten rechts sehen wir, wie sich daraus Grundfarben-Teilmengen ableiten lassen, die wir aus der Tabelle Abb. 7 ablesen können, denn der größte gemeinsame Wert in allen drei Urfarben führt zur Teilmenge W = 10 %. Das darüber hinausgehende gemeinsame Potential in den Urfarben V und O führt zur Teilmenge M = 50 %. Jetzt ist nur noch in O ein überschießender Wert vorhanden, der zur Teilmenge O = 35 % führt. Die Differenz zwischen dem höchsten vorhandenen Potential, nämlich 85 %, und dem größtmöglichen Potential, nämlich 100 %, führt zu S = 15 %.

Man kann sich leicht vorstellen, daß im linken Kasten jeder beliebige Code dargestellt werden kann, und man versteht, daß im Kasten rechts immer die Summe von 100 % zustande kommt, was der mathematischen Menge 1 entspricht.*

Das, was in Abb. 8 für eine beispielhafte Farbnuance erläutert worden ist, läßt sich so für jede beliebige Farbnuance darstellen. Daraus leitet sich das Gesetz der IntMi ab, das generelle Bedeutung hat.

Seine Regeln lassen sich am besten darstellen, wenn man sie in bezug auf das Mischen von deckenden Farbmitteln beschreibt, wie zum Beispiel von Künstler-Ölfarben, Lackfarben oder dergleichen:

1. Es müssen sämtliche acht Grundfarben als Farbmittel zur Verfügung stehen.

---

* Vom Autor wurde ein mechanisches »Funktionsmodell des Sehens« entwickelt. In ihm sind die beiden Kästen von Abb. 8 als Fenster vorhanden, in welchen die Urfarben-Potentiale bzw. die Grundfarben-Potentiale durch entsprechende farbige Schieber sichtbar gemacht werden können. Es wird beschrieben in den Büchern des Autors »Die Logik der Farbe« und »Das Grundgesetz der Farbenlehre« (s. Bibliografie).

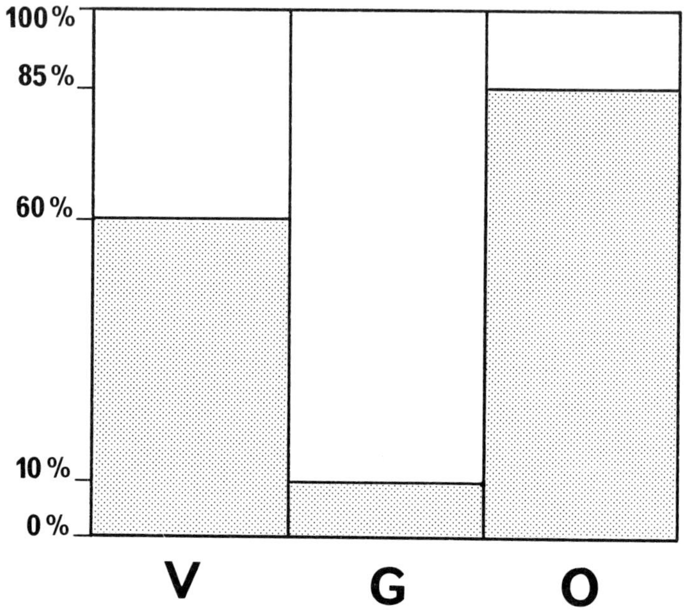

2. Diese Grundfarben müssen den theoretischen Forderungen entsprechen.
3. Die Farbmittel sind deckend.
4. Die Farbmittel werden zuerst gemischt und dann in einer einzigen deckenden Farbschicht aufgetragen.
5. Diese eine Farbschicht repräsentiert immer die mathematische Menge 1 bzw. 100 %.
6. Die Farbe des Untergrundes wirkt nicht mit. Sie geht also nicht mit in die Mischung ein.
7. Es können maximal Teilmengen von vier Grundfarben in einer Mischung zusammenkommen.
8. Dem Mischen liegt das Prinzip des Mengenaustauschs zugrunde. Da die eine deckende Farbschicht der mathematischen Menge 1 (100 %) entspricht, muß die Teilmenge einer Grundfarbe vermindert werden, wenn man wünscht, die Teilmenge einer anderen Grundfarbe zu vergrößern.

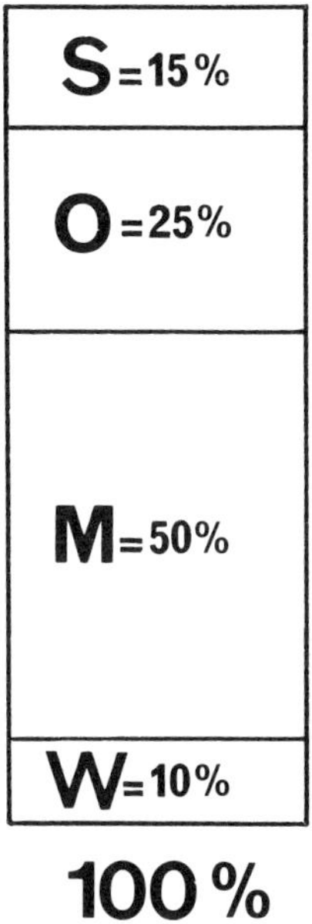

8 Gleichgültig, welche Potentiale im linken Kasten vorhanden sind: im rechten Kasten ergeben sich immer 100%.

9. Das Mischen vollzieht sich streng nach dem Prinzip des Unbuntaufbaus: Die Unbuntwerte entstehen allein durch die unbunten Grundfarben W und S. Bunte Grundfarben kommen nur dazu, wo sie benötigt werden, um den Buntwert der Farbnuance zu bilden.
10. Es gibt nur sechs Gruppen von Grundfarben, die bei der Mischung zusammenkommen können.

Dieser letzte Punkt ist von wesentlicher Bedeutung. Er soll noch einmal speziell erklärt werden: Studiert man die Abb. 8, erkennt man, daß im rechten Kasten die eine Teilmenge (hier: W = 10%) dadurch entsteht, daß gleiche Potentiale in allen drei Urfarben vorhanden sind. Eine zweite Teilmenge entsteht dadurch, daß nur in zwei Urfarben Potentiale zusammenkommen (hier: M = 50%). Eine dritte Teilmenge entsteht dadurch, daß überschießend nur noch in einer Urfarbe ein Potential vorhanden ist (hier: O = 25%), und schließlich bekommen wir die vierte Teilmenge (hier: S = 15%) durch die Differenz zwischen dem größten vorhandenen und dem größtmöglichen Potential.

Es kann also in einer Mischung immer nur entweder Y oder M oder C vorhanden sein, und dazukommen kann entweder V oder G oder O. Das kann nicht in beliebiger Weise geschehen, sondern nur nebeneinanderliegende, »benachbarte« bunte Grundfarben können zusammenkommen.

Dadurch ergeben sich die sechs Gruppen von Abb. 9. In jeder Gruppe sind Weiß und Schwarz vorhanden, um den Unbuntwert bilden zu können. Aber als bunte Grundfarben können nur zusammenkommen Y und G, C und G, C und V, M und V, M und O, Y und O.

Das Gesetz der IntMi beschreibt die Arbeitsweise des Sehorgans. Jede Farbempfindung setzt sich »psychologisch« aus maximal vier Grundfarben-Teilmengen, gewissermaßen aus »Empfindungs-Teilmengen« zusammen. Dabei sei daran erinnert, daß eine Grundfarbe eine von acht extremen Empfindungspositionen des Sehorgans ist.

Überträgt man dieses Prinzip in den Materialbereich, dann kann man daraus einen Mischprozeß aufbauen, der optimale Farbwiedergabe, sicheres Erreichen der gewünschten Mischnuancen und engste verfahrensmäßige Toleranzen garantiert.

9 Die sechs Gruppen der Integrierten Mischung.

W	W	W	W	W	W
Y	C	C	M	M	Y
G	G	V	V	O	O
S	S	S	S	S	S

Fernsehen

Beim Unbuntfernsehen wird vor dem Senden das bunte Bild in Helligkeitswerte umgesetzt. Der Bildinhalt wird fortlaufend in Zeilen und Bildpunkte zerlegt und dann ausgestrahlt. Aus diesem Datenfluß baut sich im Empfänger in analoger Weise das unbunte Bild wieder auf.

Es genügt beim Unbuntfernsehen demnach, für jeden Bildpunkt den Helligkeitswert zu übertragen, denn minimaler Helligkeitswert führt zu einer schwarzen Bildstelle, maximaler zu einer weißen. Sämtliche Graustufen entstehen als Variationsmöglichkeiten zwischen diesen beiden unbunten Grundfarben Schwarz und Weiß.

Unbuntfernsehen kann natürlich auch von Farbenblinden ohne Informationsverlust wahrgenommen werden.

Das ist beim Buntfernsehen anders. Um sämtliche Informationen vermittelt zu bekommen, ist ein intaktes Sehorgan vonnöten. Denn so, wie ein Schwerhöriger bestimmte Passagen einer Musik nicht wahrnehmen kann, kann natürlich ein Farbenfehlsichtiger bestimmte Farben nicht erkennen. Das Buntfernsehen setzt voraus, daß im Sehorgan des Betrachters die drei Empfindungskräfte V, G und O, die wir Urfarben genannt haben, richtig funktionieren. Denn sie werden bei dieser Technik gezielt angesprochen, und zwar jede einzelne für sich.

Dazu ist die Rasterscheibe des Fernseh-Bildschirms in winzige Punkte zerlegt. Es gibt Punkte in den Grundfarben V, G und O, wie man leicht erkennen kann, wenn man das Bild eines Buntfernsehers durch eine einfache Lupe betrachtet. Buntbild 2 zeigt den vergrößerten Ausschnitt einer solchen Rasterplatte. Die Punkte in der Rasterplatte nennt man »Phosphore«. Sie werden durch einen auf die Rückseite fallenden Energiestrahl zum Leuchten gebracht. Die Intensität des einzelnen Energiestrahls ist zwischen einem Minimum

	Grundfarben	Urfarben V	Urfarben G	Urfarben O
	W	O	O	O
	Y	—	O	O
	M	O	—	O
	C	O	O	—
Add Grf	V	O	—	—
Add Grf	G	—	O	—
Add Grf	O	—	—	O
Add Grf	S	—	—	—

10 Entstehung der acht Grundfarben bei der Additiven Mischung.

und einem Maximum steuerbar. Von dieser Intensität hängt es ab, mit welcher Leuchtstärke das einzelne Phosphor zum Strahlen kommt. Durch Variation der Intensität ist das Aufleuchten des einzelnen Phosphors zwischen einem Minimum und einem Maximum steuerbar.

Jedem Bildpunkt auf dem Fernsehschirm ist je ein Phosphor in den Grundfarben V, G und O zugeordnet. Diese drei Phosphore werden getrennt durch Energiestrahlen angesprochen und somit getrennt zum Leuchten gebracht. Damit paßt sich das Prinzip des Buntfernsehens direkt der Arbeitsweise des Sehorgans an. Das violettblaue Phosphor moduliert nämlich den kurzwelligen Strahlungsbereich des ins Auge fallenden Farbreizes, das grüne den mittelwelligen und das orangerote den langwelligen.

Wie wir bereits wissen, wird durch den kurzwelligen Strahlungsbereich die Empfindungskraft V, bzw., wie wir sie nannten, die Urfarbe V aktiviert, durch den mittelwelligen Strahlungsbereich die Urfarbe G und durch den langwelligen die Urfarbe O. Diese drei Kräfte wirken beim Buntfernsehen zusammen. Sie sind damit in der Lage, für jeden Bildpunkt sowohl die acht extremen Empfindungsmöglichkeiten hervorzurufen, die in der Tabelle Abb. 10 aufgelistet sind, als auch sämtliche möglichen Zwischenstufen. Denn wenn an einem Bildpunkt gleichzeitig alle drei Phosphore (nämlich V, G und O) aufleuchten, führt das beim Betrachter zur Farbempfindung W. Leuchten G und O allein voll auf, sieht man Y, leuchten V und O allein auf, sieht man M, und leuchten schließlich V und G allein auf, sieht man C. Wird aber jeweils nur ein Phosphor allein voll zum Strahlen gebracht, also entweder V oder G oder O, dann wird dementsprechend auch entweder V oder G oder O gesehen. Wenn an einer Bildstelle keiner der drei Phosphore aktiviert wird, ist die resultierende Farbempfindung S.

Analog verhält es sich mit den Zwischenstufen. Ein mittleres Grau entsteht dadurch, daß alle drei Phosphore nur zur Hälfte des Möglichen aktiviert werden. Leuchtet dagegen das Phosphor von G voll auf, dasjenige von O aber nur zur Hälfte, entsteht ein reines Gelbgrün usw.

Die beim Buntfernsehen zugrunde liegende Gesetzmäßigkeit nennt man Additive Mischung (AddMi). Das Schema der AddMi ist

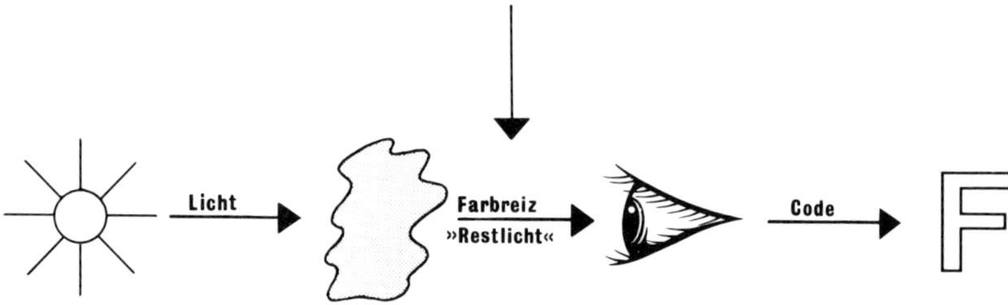

11 Beim Buntfernsehen wird der Farbreiz selbst direkt manipuliert.

in Buntbild 3 zu sehen. Man erkennt, wie in der Mitte, nämlich dort, wo sich die Farblichter der drei Additiven Grundfarben (AddGrf) V, G und O überlagern, W entsteht. Die Überlagerung findet natürlich auf der Netzhaut des Betrachters statt.

Wo nur zwei AddGrf zusammenkommen, werden die Farben Y, M und C gesehen, wo eine AddGrf allein auf die Netzhaut fällt,

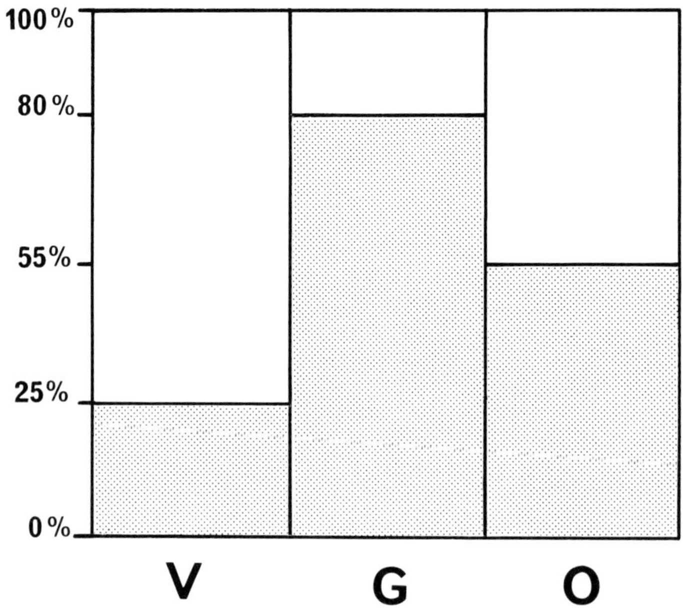

haben wir es mit den Farbempfindungen V, G und O zu tun, und wo jede Strahlungsintensität fehlt, wo also keine Strahlung auf die Netzhautstelle fällt, entsteht die Farbempfindung S.

Für die Technik des Buntfernsehens müssen also von den acht Grundfarben vier zur Verfügung stehen, nämlich die drei bunten AddGrf als die Farblichter V, G und O und die unbunte AddGrf S als Dunkelheit im Fernsehkasten. Durch das volle Zusammenwirken dieser vier Faktoren wird das Sehorgan provoziert, alle acht extremen Farbempfindungen beim Betrachter entstehen zu lassen. Dabei spielt die AddGrf S eine besonders wichtige Rolle. Sie ist nämlich Basisfarbe. Sie füllt automatisch die jeweiligen Differenzwerte aus. Das geschieht so, wie Luft automatisch jenen Raum einer Flasche ausfüllt, der nicht von Flüssigkeit besetzt ist.

Die Vielfalt aller Farben kann bei der Fernsehtechnik dadurch entstehen, daß vor der Basisfarbe S die drei bunten AddGrf V, G und O so zusammenwirken, daß sie sich auf der Netzhaut des

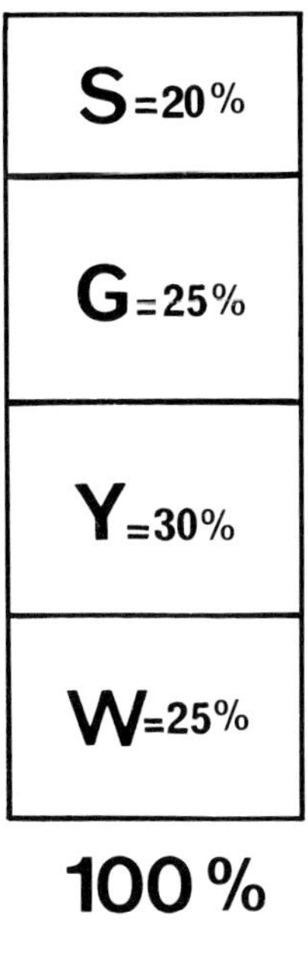

12 Die Farbempfindlichkeit (Kasten rechts) entsteht durch die Potentiale der drei Additiven Grundfarben (Kasten links).

Betrachters überlagern. Dabei kann jede bunte AddGrf stufenlos zwischen Null und 100 % ausgesteuert werden.

Abb. 11 führt uns vor Augen, daß bei der Technologie des Fernsehens der Farbreiz selbst manipuliert wird. Die drei Phosphore eines Bildpunktes in der Rasterplatte eines Fernsehapparates werden in der Leuchtintensität so gesteuert, daß der gewünschte Farbreiz entsteht, der nötig ist, um beim Betrachter zu einer entsprechenden Reaktion und damit zu einer bestimmten Farbempfindung zu führen. Der Pfeil zeigt auf die Stelle der Wirkungskette, an der die Manipulation stattfindet.

In Abb. 12 erkennen wir den gleichen Zusammenhang, der in Abb. 8 erklärt worden ist. Nur ist es jetzt so, daß das Sehorgan durch die drei Farblichter des Fernsehens veranlaßt worden ist, die Potentiale V, G und O hervorzubringen. Aber bei der Farbempfindung führt das wieder zu den vier Teilmengen, die im rechten Kasten gezeigt sind.

Natürlich ist die heute zur Verfügung stehende Technologie des Buntfernsehens keine optimale Lösung. Der »Farbenraum«, der wiedergegeben werden kann, ist reduziert. Mit anderen Worten: Es können nicht sämtliche Farbnuancen wiedergegeben werden. (Als »Farbenraum« bezeichnet man eine dreidimensionale Anordnung der Farbenvielfalt.) Wie intensiv die Farbempfindung ist, die beim Fernsehen maximal hervorgerufen werden kann, hängt natürlich von der Beschaffenheit der Phosphore ab. Die Farbwiedergabe kann nur so gut sein, wie die Phosphore den theoretischen Forderungen entsprechen.

Am Fernsehapparat gibt es keine Möglichkeit, nur eine der drei bunten AddGrf sichtbar zu machen. Könnte man das, würde man die »Farbauszüge« sehen. Denn wenn man allein die Intensitäten von V einschalten könnte, hätte man es mit dem Farbauszug von V zu tun. Analog bekämen wir den Farbauszug von G, wenn wir nur die Intensitäten von G, und jenen von O, wenn wir nur die Intensitäten von O einschalten könnten. Prinzipiell besteht also das Fernsehbild aus diesen drei bunten Farbauszügen. Wir haben es demnach mit einem »bunt aufgebauten Bild« zu tun, denn sämtliche Unbuntwerte entstehen dadurch, daß sich Intensitäten der drei bunten Grundfarben V, G und O gegenseitig neutralisieren.

Obgleich sich diese drei Farbauszüge an einem normalen Fernsehapparat nicht einzeln einschalten lassen, erkennt man sie gelegentlich, wenn sie nicht richtig »passen«. Man sieht nämlich dann entlang der Bildkonturen bunte Säume und Farbränder. Die einzelnen Farbauszüge sind in diesem Fall etwas gegeneinander verschoben. Sie müssen von einem Fernsehtechniker justiert werden. Für ein gutes Fernsehbild ist demnach Voraussetzung, daß die Farbauszüge der drei bunten AddGrf exakt aufeinander eingepaßt sind.

Für die vierte AddGrf, die unbunte Grf Schwarz, gibt es natürlich keinen Farbauszug, denn Schwarz hat eine völlig andere Aufgabe. Als Dunkelheit steht Schwarz bereit, jederzeit sofort und automatisch jene Differenzwerte auszufüllen, die zwischen den vorhandenen Strahlungsintensitäten und den größtmöglichen Strahlungsintensitäten auftreten. Man könnte auch sagen, der Farbauszug von Schwarz ist jeweils das, was von der Dunkelheit übrigbleibt, wenn das Buntbild auf der Rasterplatte aufleuchtet.

Die in einem normalen Buntfernseher vorhandenen Phosphore führen zu Strahlungen mit breitem Spektralbereich. Das verdeutlichen die Kurven in Abb. 13. Besser wäre es aber, wenn in jeder der Phosphore für V, G und O nur ein schmalbandiger Spektralbereich mit großer Intensität vorhanden wäre, der genau im Maximum der Empfindlichkeit der betreffenden Empfindungskraft liegt. Schmalbandige Strahlungen von etwa 20 nm bis 30 nm Bandbreite wären sicherlich viel besser geeignet, das Empfindungspotential des Sehorgans zu aktivieren. Das wäre technisch machbar. Es würde aber das Massenprodukt »Fernsehapparat« wesentlich verteuern.

Buntfernsehen ist natürlich weit davon entfernt, eine perfekte Technik zu sein. Das versteht jeder, wenn er daran denkt, wie er sich die Farbbalance seines Apparates selber einstellen muß.

Im Prinzip wird die Qualität eines Reproduktionsprozesses daran gemessen, wie exakt die Farbwiedergabe ist. Das Originalbild muß dem wiedergegebenen Bild gleichen. Im Falle des Fernsehens ist das Originalbild zum Beispiel die Szene bei einer Filmaufnahme. Stellen wir uns vor, es werde der Kopf eines Kindes gezeigt, das gerade in einen Schokoladenriegel beißt.

Originalgetreue Wiedergabe heißt, Haut-, Augen-, Haarfarbe des Kindes müssen exakt getroffen werden, und natürlich muß die Farbe

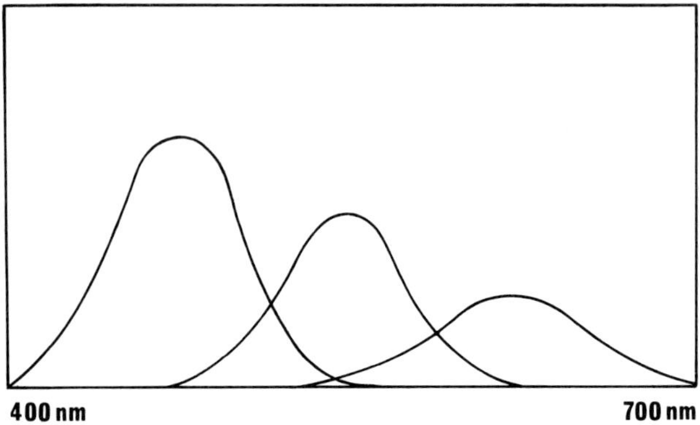

13 Spektralkurven der drei Phosphore beim Buntfernsehen.

des Produktes, in diesem Fall die Schokolade, genauestens stimmen. Könnte man die Originalszene mit dem Fernsehbild vergleichen, dann wäre man sicherlich überrascht, wahrscheinlich sogar sehr enttäuscht, weil man feststellen würde, daß es zwischen der »abfotografierten Wirklichkeit« und der Wiedergabe auf dem Bildschirm enorme Farbabweichungen gibt. Da aber ein solcher Vergleich normalerweise nicht durchgeführt wird, vermißt man im allgemeinen bei der Bildwiedergabe auch nichts. Denn natürlich kann der Fernsehkonsument sein Fernsehbild nicht mit der Originalszene vergleichen. Deshalb findet man im allgemeinen dann, wenn man den Apparat »optimal« eingestellt hat, die Qualität der Farbwiedergabe gut, vielleicht sogar hervorragend. Ob sie auch »richtig« ist, kann nicht beurteilt werden.

Obgleich die Technologien des Buntfernsehens auf so breiter Basis eingeführt sind, daß sich daran allgemein wohl kaum etwas ändern läßt, erscheint es doch wichtig und notwendig, prinzipiell darüber nachzudenken, ob Fernsehen nicht technologisch besser sein könnte. Warum sollte es ausgerechnet auf diesem wichtigen Gebiet keine technischen Weiterentwicklungen geben?

Vergleichen wir mit einem anderen technischen Bereich, der Tonwiedergabe. Nach der Monotechnik kam die Stereotechnik, nach der Schallplatte kam die Tonbandkassette. Die nächste technologische Stufe ist die CD-Platte, bei der der Ton berührungsfrei durch einen Laserstrahl abgespielt wird.

Wir hatten gesagt, daß das heutige Buntfernsehen mit buntem Bildaufbau arbeitet, daß die Unbuntwerte im Bild durch Intensitäten der drei bunten Farblichter V, G und O gebildet werden, wobei die Differenzmenge von Schwarz mit eingeht. Das erkennt man am Diagramm Abb. 12 im Kasten auf der linken Seite. Aus diesem Diagramm, in dem die Potentiale der drei bunten AddGrf senkrecht dargestellt sind, lassen sich waagerecht die vier Teilmengen dieser Farbnuance ableiten. Während die Unbuntmenge als Vereinigungsmenge der Teilmengen von W und S entsteht, kommt die Buntmenge als Vereinigungsmenge von G und Y zustande.

Die Teilmenge von W ist das größte gemeinsame Potential in allen drei AddGrf. Die Teilmenge von Y entsteht, wo darüber hinaus in den beiden AddGrf G und O Intensitäten vorhanden sind. Die Teilmenge von G schließlich entsteht durch den überschießenden Wert der AddGrf G. Diese Teilmengen bilden sich entsprechend der Logik der Tabelle in Abb. 10.

Fernsehen könnte aber auch ganz anders funktionieren. Jedem Bildpunkt könnten zum Beispiel vier Phosphore zugeordnet sein. Dann müßte zu den Phosphoren für V, G und O eines für W hinzukommen. Damit könnte man beim Fernsehen auch das Prinzip des Unbuntaufbaus realisieren, womit die Möglichkeit gegeben wäre, die Unbuntwerte jeder Farbnuance aus den unbunten Grf W und S entstehen zu lassen. Die Buntwerte eines jeden Bildpunktes würden dann aus Potentialen von maximal zwei bunten AddGrf gebildet.

Beim Unbuntaufbau im Fernsehen würde demnach die Farbnuance der Abb. 12 durch die unbunten Grf W und S einerseits und durch die bunten Farblichter G und O andererseits entstehen. Es müßte also ein vierter Strahl hinzukommen, der ein weißes Phosphor zum Leuchten bringt. Bei der Verfolgung dieses Prinzips könnten nur die drei in Abb. 14 dargestellten Gruppen von AddGrf zusammenkommen. Von den vier Phosphoren, die jeder Bildstelle zugeordnet sind, könnten maximal drei gleichzeitig in Aktion sein.

Ohne Zweifel würde eine derartige Fernsehtechnik zu einem wesentlich stabileren Übertragungsprozeß führen. Es wäre möglich, mit einer »fixierten« Graubalance zu arbeiten. Möglicherweise

W	W	W
V	G	O
G	O	V

15 Die sechs Gruppen beim Sieben-Farben-Fernsehen. ▷

14 Bei unbuntem Bildaufbau des Fernsehens würde jeder Bildpunkt aus einer dieser drei Gruppen aufgebaut.

könnte man bei einer solchen Technik auf die individuelle Regulierung des Fernsehapparates in bezug auf Farbjustierung völlig verzichten.

Während die Grf V, G und O beim heutigen Fernsehen besonders gut wiedergegeben werden, liegen die Schwächen der Farbwiedergabe in den Mischfarben Y, M und C. Denn die Strahlungsbereiche der Phosphore überlagern sich gegenseitig, wie Abb. 13 zeigt. Durch Fehlabsorptionen und Fehltransmissionen der Phosphore entstehen in den Farbbereichen Y, M und C unerwünschte Verweißlichungen. Diese Farben können nicht in optimaler Farbkraft wiedergegeben werden.

Dem könnte mit einer Technologie des Sieben-Farben-Fernsehens abgeholfen werden. Das würde bedingen, daß pro Bildpunkt sieben Phosphore vorhanden sein müßten, nämlich einer für jede der sechs bunten Grf V, G, O, Y, M und C und zusätzlich eine für die unbunte Grf W. Eine solche Technologie würde ebenfalls nach dem Prinzip des Unbuntaufbaus funktionieren. Dabei würden die Unbuntwerte wiederum durch Teilmengen der unbunten Grf W und S gebildet, was zur fixierten Graubalance führen würde. Die Buntwerte würden jetzt aber durch zwei benachbarte bunte Grf entstehen, zum Beispiel durch Y und G oder durch G und C oder durch C und V oder durch V und M oder durch M und O oder durch O und Y. Es gäbe bei dieser Technik dann nur die sechs Gruppen der Abb. 15. Jede Farbnuance auf dem Bildschirm würde durch eine dieser sechs Gruppen zustande kommen. Demnach könnten an

W	W	W	W	W	W
Y	C	C	M	M	Y
G	G	V	V	O	O

einer Bildstelle immer nur maximal zwei bunte Grf zusammen mit Weiß wirksam werden.

Sicherlich ließe sich mit einer solchen Konzeption eine farbrichtige Wiedergabe auf dem Fernseh-Bildschirm realisieren. Aber die Anordnung von sieben Phosphoren pro Bildpunkt anstelle von drei würde zu einem weiteren Detailverlust der Bildwiedergabe führen. Aus diesem Grunde sollte man sich überlegen, ob das optimale Buntfernsehen nicht völlig anders funktionieren müßte. Denn es ist vorstellbar, daß pro Bildpunkt nur ein einziger Phosphor, nämlich ein weißer, vorhanden ist, wenn innerhalb des Apparates sieben verschiedenfarbige Strahlen zur Verfügung stehen würden, die entsprechend das weiße Phosphor in der gewünschten Farbe zum Strahlen bringen könnten. Das scheint jedenfalls die nächste technologische Stufe der Fernsehtechnik zu sein, die zu einer wesentlich verbesserten Farbwiedergabe und auch zu einer wesentlich besseren Bildauflösung führen würde. Denn bei gleicher Anzahl von Phosphoren in der Rasterplatte des Bildschirmes würde automatisch die Detailwiedergabe um das Dreifache verbessert, weil nunmehr jedes einzelne Phosphor einen Bildpunkt repräsentieren würde, während vorher Gruppen von drei Phosphoren einen Bildpunkt ausmachten: Für jeden Bildpunkt gab es je einen Phosphor für die AddGrf V, G und O.

Wenn möglicherweise eine solche technische Weiterentwicklung für das Massenfernsehen auch nicht infrage kommt, so wäre diese verbesserte Bildschirmtechnik für andere Bereiche durchführbar und wünschenswert. Nehmen wir als Beispiel ein isoliertes Bildübertragungssystem in einer Universitätsklinik. Im Operationssaal ist die Fernsehkamera auf den chirurgischen Eingriff gerichtet. Außerhalb des Operationssaales könnten die Studenten absolut farbrichtig und in wesentlich verbesserter Bildauflösung die Operation beobachten und verfolgen. Oder nehmen wir als weiteres Beispiel die elektronische Bildverarbeitung in der Druckindustrie. Eine Bildvorlage wird abgetastet. Für jeden Bildpunkt werden vier digitale Werte auf Magnetspeichern abgelegt. Auf dem Bildschirm wird das abgespeicherte Bild sichtbar gemacht. Hier finden Bildmanipulationen, Zusammenführungen von verschiedenen Bildern und Kombinationen mit Schriftelementen statt. Nach der materielosen Verarbeitung der Daten werden Rasterfarbauszüge über einen Fotoplotter ausgegeben. Das Problem bei dieser hochmodernen neuen Reproduktionstechnik in der Druckindustrie ist die Tatsache, daß die Farben des Bildschirms nicht identisch sein können mit den Farben des späteren Druckbildes. Denn im Mehrfarbendruck sind es ja die Farben Gelb, Magentarot und Cyanblau, die in besonderer Reinheit und Intensität als SubGrf zur Verfügung stehen.

Die jetzige Bildschirmtechnik hat nicht nur den Mangel, daß auf dem Bildschirm eine exakte Simulierung des Druckergebnisses nicht möglich ist. Sie hat darüber hinaus den Mangel der unzureichenden Bildauflösung. Das führt dazu, daß das Bild in seiner Schärfe und Detailzeichnung nicht ausreichend beurteilt werden kann. Mit der hier beschriebenen Technik eines Buntfernsehens mit sieben Grf wäre es möglich, Bildschirmbilder mit dreifach besserer Bildauflösung und richtiger Farbwiedergabe entstehen zu lassen. Da dies in der elektronischen Bildverarbeitung der Druckindustrie die einzige wirkliche Schwachstelle ist, erscheint es durchaus nicht ausgeschlossen, daß eine solche technische Entwicklung in absehbarer Zeit durchgeführt wird. Natürlich kann die Detailwiedergabe zusätzlich dadurch verbessert werden, daß man die Anzahl der Phosphore weiter erhöht.

Es ist selbstverständlich, daß für solche kleinen »autonomen« Fernsehsysteme, die für wissenschaftliche oder technische Zwecke benutzt werden könnten, auch auf der Aufnahmeseite eine andere Technik einzusetzen wäre, denn das gesendete Bild müßte jetzt statt in drei in sieben Farbauszüge zerlegt werden.

Für den Bereich der Druckindustrie hätte man es allerdings nicht mit Problemen der Aufnahmetechnik zu tun, da es hier ja nur um die Manipulation gespeicherter Daten geht. Das technische Ziel ist es, auf dem Bildschirm das spätere Druckergebnis visuell identisch sichtbar zu machen, und das scheint durch die hier skizzierte Lösung durchaus möglich zu sein.

Noch ein letzter Gedanke zum Buntfernsehen: Das Sehorgan ist, wie wir wissen, ständig bestrebt, sich an eine gegebene Beleuchtungssituation und an vorhandene Lichtverhältnisse durch Adaptation und durch Umstimmung anzupassen. Aus diesem Grund soll bekanntlich der Raum, in dem ferngesehen wird, nicht völlig dunkel sein. Er soll vielmehr eine »schummerige« Beleuchtung haben. Für ein farbrichtiges und toleranzfreies Buntfernsehen der beschriebenen Art wäre es natürlich zwingende Voraussetzung, die Beleuchtungs- und Betrachtungsbedingungen durch Standardisierung festzulegen. Auch wäre zu überlegen, ob es nicht sinnvoll sein kann, um das Fernsehbild als Rahmen eine Leuchtfläche mittlerer Helligkeit herumzulegen, um Adaption und Umstimmung zu vermeiden.

Fotografie

Bei der Fotografie greift die Manipulation des Sehorgans bei einem anderen Glied der Wirkungskette, die zur Farbempfindung führt, ein: im Materialbereich. Das zeigt Abb. 16. Und zwar handelt es sich um die extreme Möglichkeit, die sich durch das Zusammenwirken bunter Filterschichten ergibt. Deshalb zeigt der Pfeil auf den äußeren Rand der Materialdarstellung.

Bei allen Reproduktionsprozessen kommt es darauf an, den Farbreiz so zu modulieren, daß beim Betrachter die gewünschte Reaktion erfolgt. Beim Fernsehen geschah das durch direkte Manipulation der ins Auge fallenden Strahlung. Der Farbreiz selbst wurde moduliert. Bei der Fotografie dagegen wird das Absorptionsvermögen der Materie manipuliert.

Während es beim Fernsehen notwendig war, das Bild in Zeilen und Bildpunkte zu zerlegen, durch einen Sender auszustrahlen und im Empfänger wieder »zusammenzusetzen«, kann die Fotografie flächig arbeiten, indem sie sich die Gesetze der Optik zunutze macht. Durch das optische System eines Fotoapparates, durch seine Optik, wird das gesamte gesehene Bild des Bildfeldes gleichzeitig auf lichtempfindliches Material aufgestrahlt. Der Film wird belichtet.

Wir haben bereits erläutert, daß die unterschiedlichen Materialfarben durch Absorption entstehen. Vom Beleuchtungslicht werden individuelle Teile verschluckt. Der Rest wird reflektiert oder transmittiert. Man hat sich also vorzustellen, daß das gesehene Bild des Bildfeldes sich prinzipiell aus einer unendlich großen Zahl von Bildpunkten aufbaut und daß jedem Bildpunkt ein Farbreiz zugeordnet ist. Diese Farbreize fallen durch die Optik des Fotoapparates auf den zu belichtenden Film.

Bei der Unbuntfotografie werden, wie beim Unbuntfernsehen, die Farben des abfotografierten Originalbildes in Helligkeitswerte

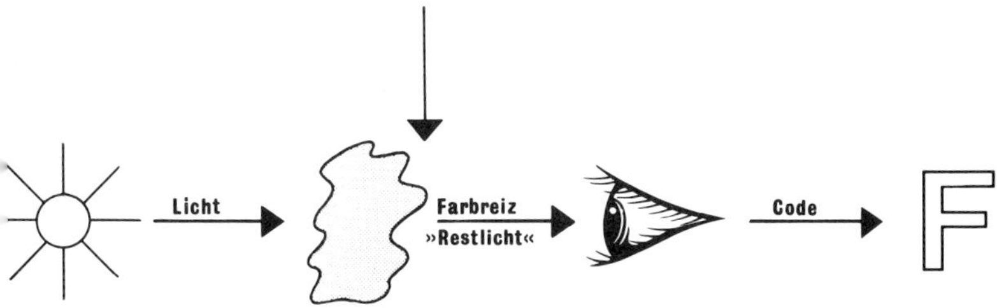

16 Bei der Fotografie ist das Gesetz der Subtraktiven Mischung wirksam. Jetzt findet die Manipulation am »äußersten Rand« des Materialbereiches statt.

umgesetzt. Das geschieht jetzt aber indirekt, auf dem Umweg über ein Negativ. Nötig ist dazu ein Filmmaterial, das für alle Spektralfarben Empfindlichkeiten besitzt. Man nennt es »panchromatisches« Material. Der Farbreiz für einen bestimmten Bildpunkt fällt durch die Optik des Fotoapparates auf die entsprechende Filmstelle und belichtet die silberhaltige Emulsion, so daß nach dem Entwickeln eine Schwärzung entsteht. Je größer die Strahlungsintensität des Bildpunktes ist, desto mehr Schwärzung tritt auf.

Die größte Strahlungsintensität kommt von einer weißen Bildstelle. Sie führt zur größtmöglichen Schwärzung im Negativfilm. Von einer schwarzen Bildstelle kommt keine (jedenfalls keine nennenswerte) Strahlung auf den Film. Also bleibt er an dieser Stelle unbelichtet und wird nach dem Entwickeln transparent. Alle übrigen Farben werden in Graustufen umgesetzt, in Zwischenwerte zwischen Weiß und Schwarz verwandelt. Das geschieht natürlich unabhängig davon, ob es sich um unbunte oder bunte Bildstellen handelt. Entsprechend der Sensibilisierung des verwendeten panchromatischen Filmmaterials wird zum Beispiel eine gelbe Farbe in eine helle Graustufe verwandelt und eine grüne in eine mittlere. Ein Rot wird in eine etwas dunklere Graustufe umgesetzt, ein Violett wird zu Dunkelgrau.

Auf diese Weise entsteht das unbunte fotografische Negativ. Es ist praktisch eine Umkehrung der Helligkeitsverhältnisse. Erst dann, wenn man dieses Negativ erneut auf Fotomaterial belichtet, erhält man das unbunte positive fotografische Bild. Für diesen zweiten fotografischen Vorgang wird aber kein panchromatisches Material

	Grundfarben	Urfarben		
		V	G	O
Sub Grf	W	○	○	○
Sub Grf	Y	—	○	○
Sub Grf	M	○	—	○
Sub Grf	C	○	○	—
	V	○	—	—
	G	—	○	—
	O	—	—	○
	S	—	—	—

17 Die acht Grundfarben entstehen bei der Buntfotografie durch Zusammenwirken der vier subtraktiven Grundfarben.

mehr benötigt, da es jetzt nur noch darum geht, die Unbuntstufen des Negativs »umzudrehen« und daraus ein unbuntes positives Foto entstehen zu lassen. Man verwendet dazu ein »orthochromatisches« Material, das nur Empfindlichkeiten für den kurzwelligen und für den mittelwelligen Bereich des Spektrums besitzt. Für den langwelligen Bereich ist es unempfindlich. Deswegen kann in der Dunkelkammer bei orangerotem Licht gearbeitet werden.

Gegenüber der Unbuntfotografie ist die Buntfotografie ein außerordentlich komplizierter und sensibler Prozeß. In unseren Ausführungen soll nicht von den schwierigen chemischen Vorgängen die Rede sein, die zum Buntfoto führen, vielmehr betrachten wir die Buntfotografie ausschließlich aus der Perspektive der Farbenlehre.

Die Buntfotografie folgt dem Gesetz der Subtraktiven Mischung (SubMi). Dazu werden die vier subtraktiven Grundfarben (SubGrf) benötigt, die in Abb. 17 gekennzeichnet sind. Die bunten Grundfarben Y, M und C müssen als lasierende Farbschichten, also als Filterschichten, zur Verfügung stehen. Als Basisfarbe muß die unbunte Grundfarbe Weiß vorhanden sein. Sie ist unverzichtbar für den Prozeß. Bei der Buntfotografie spielt sich, wie bereits erläutert, die Manipulation im Materialbereich ab. Man könnte sagen, sie spielt sich ab im äußersten Grenzbereich des Materials, denn für die SubMi wird solches Material benötigt, das ganz bestimmte vorgeschriebene Eigenschaften in bezug auf Transparenz und Absorptionsvermögen besitzt.

Wir erklären das Prinzip der Buntfotografie (und damit gleichzeitig das Prinzip der SubMi) am Beispiel eines Buntdiapositivs. Damit die Sache funktionieren kann, wird als zwingende Voraussetzung die Basisfarbe W benötigt. Sie ist beim Betrachten eines bunten Diapositivs in Gestalt des Projektionslichtes bzw. des Lichtes in einem Leuchtkasten vorhanden.

In diesem bunten Diapositiv liegen die transparenten Farbschichten der drei SubGrf Y, M und C übereinander, was Buntbild 4 zeigt. Damit der Informationsinhalt dieses Diapositivs unverfälscht sichtbar wird, muß weißes Licht vorhanden sein, das nacheinander durch diese Farbschichten hindurchfällt. Es ist durch die senkrecht von unten nach oben verlaufenden Lichtkegel V, G und O in Buntbild 4 gekennzeichnet. Dabei ist der kurzwellige Strahlungsbereich des

Lichtes durch violettblaue, der mittelwellige durch grüne und der langwellige durch orangerote Streifen dargestellt. Das weiße Licht fällt nun durch diese Filterschichten hindurch. In jeder einzelnen dieser Farbschichten findet eine bestimmte Absorption statt mit dem Ziel, den ins Auge fallenden Farbreiz so zu gestalten, daß das Sehorgan die gewünschte Farbempfindung hervorbringt. Die jeweils durchgelassene Strahlung erkennt man an den weiterlaufenden Streifen.

Dabei ist jeder Filterschicht klar ihre Aufgabe zugewiesen:

Die Filterschicht Gelb (Y) ist zuständig für die Absorption des kurzwelligen Strahlungsbereiches. Dadurch moduliert sie das Potential für die Urfarbe V im Sehorgan.

Die Filterschicht M ist zuständig für die Absorption im mittelwelligen Strahlungsbereich und moduliert damit die Potentiale für die Urfarbe G.

Die Filterschicht C ist zuständig für die Absorption im langwelligen Strahlungsbereich und moduliert auf diese Weise das Potential für die Urfarbe O.

Ein gelber Bildpunkt im Buntdia, in welchem die volle Farbschicht Gelb vorhanden ist, absorbiert die gesamte kurzwellige Strahlung. Die mittelwellige und die langwellige Strahlung wird ungehindert durchgelassen, wodurch in den Urfarben G und O das volle Potential entwickelt werden kann. Die resultierende Farbempfindung ist Gelb.

Je geringer nun die Teilmenge von Y an einer Bildstelle ist, desto geringer ist auch der absorbierende Teil für die kurzwellige Strahlung. Mit anderen Worten: Je geringer die Teilmenge von Y an einer Bildstelle ist, desto mehr kurzwellige Strahlung wird durchgelassen mit der Folge, daß ein entsprechendes Potential in der Urfarbe V gebildet wird. Ist an einer Bildstelle überhaupt keine Teilmenge von Y vorhanden, wird die gesamte kurzwellige Strahlung ungehindert durchgelassen, so daß im Sehorgan die Urfarbe V voll aktiviert wird.

Um es noch einmal mit anderen Worten zu sagen: Die SubGrf Y ist der Urfarbe V zugeordnet. Durch Y wird die Urfarbe V ausgesteuert. Y und V stehen in einem reziproken Verhältnis zueinander. Je größer die Teilmenge von Y an einer Bildstelle ist, desto geringer ist das Potential, das in der Urfarbe V im Sehorgan entstehen kann. Im Buntbild 4 kann deshalb der bunte Lichtstrahl V die Filterschicht Y nicht passieren, während die Lichtstrahlen G und O ungehindert durchgelassen werden.

Analog verhält es sich natürlich mit der Farbschicht M, also mit der SubGrf M. Sie ist zuständig für die Urfarbe G. Bei voller Farbschicht M an einem Bildpunkt wird das gesamte mittelwellige Licht absorbiert. Das kurzwellige und das langwellige wird durchgelassen, so daß beim Betrachter die Urfarben V und O aktiviert werden. Es entsteht die Farbempfindung M.

Ist an einem Bildpunkt keine Teilmenge von M vorhanden, kann das mittelwellige Licht ungehindert passieren und veranlaßt das Sehorgan, die Urfarbe G voll zu mobilisieren. Also hängt es von der Teilmenge der SubGrf M ab, wieviel mittelwellige Strahlungsenergie an einem Bildpunkt durchgelassen wird. Die SubGrf M steht demnach in einem reziproken Verhältnis zur Urfarbe G. Sie steuert durch Absorption die Urfarbe G aus.

Ebenso analog verhält es sich mit der Filterschicht C, mit der SubGrf C. Sie ist für die Modulation des langwelligen Strahlungsbereichs verantwortlich und moduliert damit die Urfarbe O.

Bei voller Farbschicht C an einem Bildpunkt wird der gesamte langwellige Strahlungsbereich absorbiert. Die ins Auge des Betrachters fallenden mittelwelligen und kurzwelligen Strahlen aktivieren die Urfarbe V und die Urfarbe G, so daß die Farbempfindung C entsteht. Ist keine Teilmenge von C an einem Bildpunkt vorhanden, wird die gesamte langwellige Strahlung durchgelassen. Je größer die Teilmenge von C ist, desto geringer ist die im Auge eintreffende Strahlungsintensität des langwelligen Bereiches, desto weniger wird die Urfarbe O aktiviert.

Den Zusammenhang erkennt man in Abb. 18. Hier handelt es sich um exakt die gleiche Farbnuance, die wir bereits aus Abb. 12 kennen, denn im rechten Kasten entstehen die gleichen Grundfarben-Teilmengen. Nur die Aufgabenstellung ist eine andere: Nun soll durch SubMi der Farbreiz so moduliert werden, daß im Sehorgan die gewünschte Farbempfindung entsteht. Das geschieht durch Absorption der nicht benötigten Strahlungsintensitäten durch entsprechende Teilmengen in den Farbschichten Y, M und C.

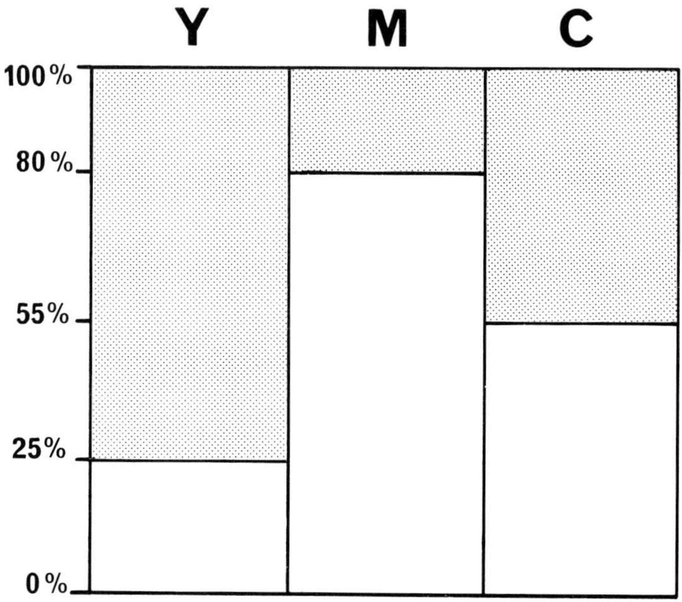

In Abb. 18 sind die Teile Grau gekennzeichnet, die absorbiert werden. Das weiße Licht fällt auf eine Bildstelle. Die Farbschicht Y absorbiert soviel des kurzwelligen Bereiches, daß im Sehorgan 25 % Potential für V entstehen. Die Farbschicht M absorbiert im mittelwelligen Bereich und läßt 80 % Potential in der Urfarbe G entstehen, und die Farbschicht C absorbiert im langwelligen Bereich und läßt 55 % Potential in der Urfarbe O entstehen. Auf diese Weise wird aus dem weißen Licht der Farbreiz »herausmoduliert«, der gebraucht wird, um im Sehorgan die Teilmengen W = 25 %, Y = 30 %, G = 25 % und S = 20 % hervorzubringen.

Man erkennt in dieser Abbildung auch, daß der größte gemeinsame Absorptionswert in den drei bunten Farbschichten Y, M und C die Teilmenge S = 20 hervorbringt. Das ist die Verschwärzlichung dieser Farbnuance.

Wir hatten die SubMi am Beispiel des Buntdias erklärt. Prinzipiell gilt aber die gleiche Gesetzmäßigkeit auch bei Aufsichtsfotos. Der

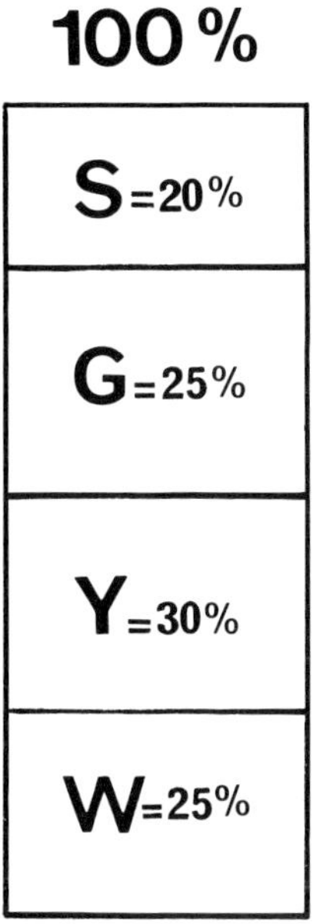

18 Bei der Subtraktiven Mischung entsteht die Farbempfindung (Kasten rechts) durch Absorption in den Filterschichten Y, M und C. Dadurch wird für einen Bildpunkt die durchgelassene Strahlung moduliert.

Unterschied besteht nur darin, daß ein weißes Trägermaterial vorhanden sein muß. Auf diesem Material liegen die drei bunten Fotoschichten, die Filterschichten Y, M und C. Das Licht der Allgemeinbeleuchtung fällt auf das Aufsichtsfoto. Es durchdringt die Filterschichten, in denen die betreffenden Absorptionsvorgänge vor sich gehen, bis es auf die weiße Oberfläche des Trägermaterials kommt. Dort werden die Farbreize reflektiert. Sie werden nochmals durch die Filterschichten zurückgeschickt, um ins Auge des Betrachters zu gelangen.

Buntbild 5 erklärt das Prinzip der SubMi im Zusammenhang. Die Basisfarbe Weiß, die unbunte Grundfarbe Weiß, wird hier durch die weiße Papieroberfläche repräsentiert. Die aufgedruckten Farbschichten Y, M und C sind transparent wie Fotoschichten. Es handelt sich also ebenfalls um Filterschichten. Dort, wo nur eine einzige Farbschicht auf dem Papier liegt, wird jeweils ein Spektralbereich absorbiert. In der Farbschicht Y wird der kurzwellige Strahlungsbereich ausgeschaltet, in der Farbschicht M der mittelwellige und in der Farbschicht C der langwellige. Deswegen entstehen (gemäß der Tabelle Abb. 17) die Farbempfindungen Y, M und C.

Dort, wo zwei Filterschichten übereinanderliegen, wird in jeder Filterschicht ein Spektralbereich eliminiert. Wo Y und M übereinanderliegen, wird demnach der kurzwellige und der mittelwellige Strahlungsbereich ausgeschaltet, so daß allein der langwellige wirksam bleiben und ins Auge fallen kann, wo er die Urfarbe O mobilisiert. Wo Y und C übereinanderliegen, wird der kurzwellige und der langwellige Strahlungsbereich absorbiert. In dieser Kombination kann nur noch der mittelwellige Strahlungsbereich durch beide Filter gemeinsam durchgelassen werden. Er verursacht im Auge des Betrachters die Farbempfindung G, weil nur noch die Urf G angesprochen wird. Wenn die Filterschichten M und C übereinanderkommen, wird der mittelwellige und der langwellige Strahlungsbereich entfernt, so daß allein der kurzwellige wirksam sein kann und im Auge des Betrachters die Farbempfindung V auslöst, denn nun ist allein die Urf V angesprochen. Kommen schließlich (in der Mitte der Abbildung) alle drei Filterschichten übereinander zu liegen, dann wird in jeder Filterschicht ein Spektralbereich ausgeschaltet. Durch diese Kombination kann überhaupt kein sichtbares Licht mehr hindurchfallen, was beim Betrachter zur Farbempfindung S führt.

Der Buntfotografie, die streng den Gesetzen der SubMi folgt, liegt das Prinzip des »Buntaufbaus« zugrunde. Das wurde bereits in Abb. 18 deutlich und ging auch aus der Tabelle Abb. 17 hervor. Denn sämtliche Unbuntwerte entstehen grundsätzlich dadurch, daß Teilmengen der drei bunten Grundfarben Y, M und C sich gegenseitig neutralisieren. Die Potentiale in den Grundfarben V, G, O und S werden im Auge des Betrachters dadurch hervorgebracht, daß die Absorptionsvolumina der hintereinandergeschalteten Filterschichten zusammenwirken. Der Lichtstrahl passiert nacheinander diese Filterschichten und gibt in jeder entsprechende Teile seiner Strahlung ab.

Es gibt für die Buntfotografie zum Prinzip des Buntaufbaus und zum Prinzip der SubMi keine Alternative. Denn natürlich muß das Fotomaterial für Buntfotografie so beschaffen sein, daß an jeder Stelle eine beliebige Farbe entstehen kann. Damit dies geschieht, muß demgemäß an jeder Bildstelle jede der drei Farbschichten Y, M und C latent vorhanden sein.

Die Farbwiedergabe in der Buntfotografie ist eingeschränkt. Denn die realen Transmissionskurven der Farbschichten eines Buntdia-Materials stimmen mit den theoretischen Forderungen nicht exakt überein. Abb. 19 zeigt die Transmissionskurven der Farbschichten eines bestimmten Fotomaterials, Abb. 20 stellt dar, welche optimalen Eigenschaften dieses Material haben sollte. Allerdings müßte in den weiß gelassenen Spektralbereichen die Strahlung derart verstärkt werden, daß das Empfindungspotential des Sehorgans voll aktiviert werden kann. Das erscheint natürlich ganz ausgeschlossen. Die Absorptionsbereiche sind in beiden Abbildungen grau gekennzeichnet.

Man erkennt, wenn man Abb. 19 mit Abb. 20 vergleicht, daß bei den Filterschichten in jenen Bereichen, in denen voll absorbiert werden soll, gewisse Transmissionen stattfinden. Andererseits findet man in den Transmissionsbereichen unerwünschte Absorptionen. Bei diesen Fehlern spricht man von »Fehltransmissionen« und »Fehlabsorptionen«.

Der Leser kann sich vorstellen, daß es in der Fotochemie nicht möglich ist, die spektralen Eigenschaften, die für Farbschichten eines Fotos erwünscht sind, zu konstruieren wie etwa ein technisches Gerät. Deshalb muß man diese Mängel in Kauf nehmen. Sie führen dazu, daß die Farbwiedergabe in den Farbbereichen Violettblau, Grün und Orangerot mangelhaft ist. Dabei treten die größten Fehler im Violettblau-Bereich auf. In den genannten Bereichen fehlt es in der Farbwiedergabe an Reinheit und Leuchtkraft. Es treten Verschmutzungen auf.

Die Mängel in der Farbwiedergabe fallen natürlich nicht auf, wenn man ein Buntdia nur betrachtet. Wenn man aber sorgfältige Tests durchführt, werden Farbabweichungen in der Wiedergabe,

19 Absorptionsbereiche (Grau) der Farbschichten eines bestimmten Buntdia-Materials. ▷

20 Im Idealfall dürften die Filterschichten nur Strahlungen in den weiß gelassenen Spektralbereichen durchlassen, die so verstärkt sind, daß das gesamte Empfindungspotential des Sehorgans aktiviert werden kann. ▷▷

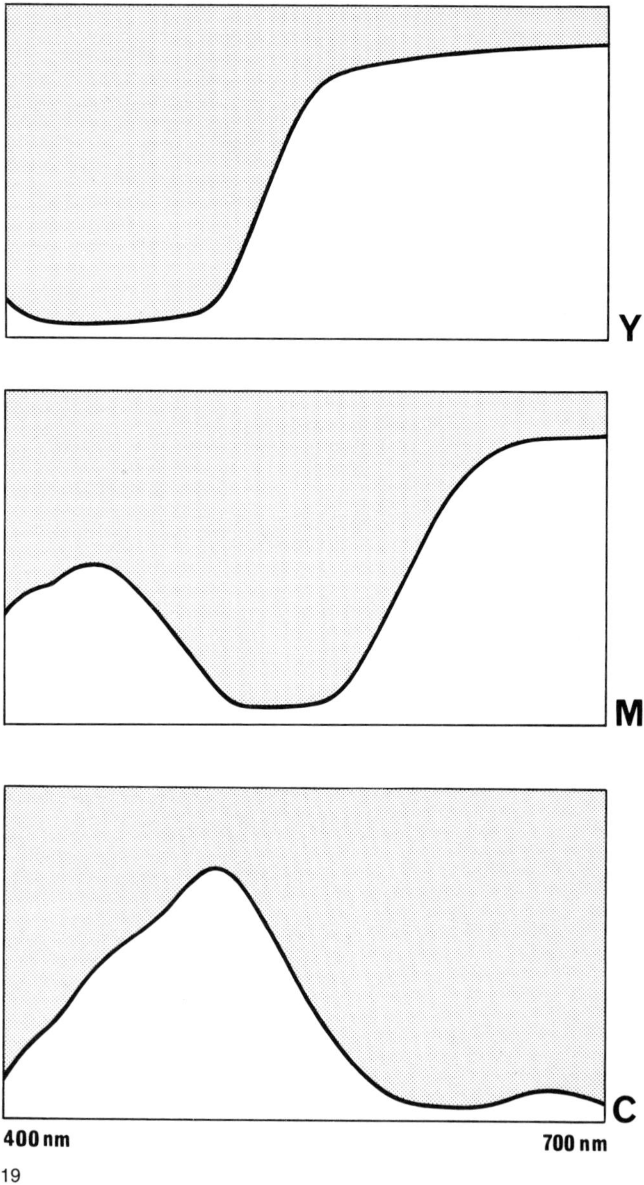
Y
M
C
400 nm
700 nm

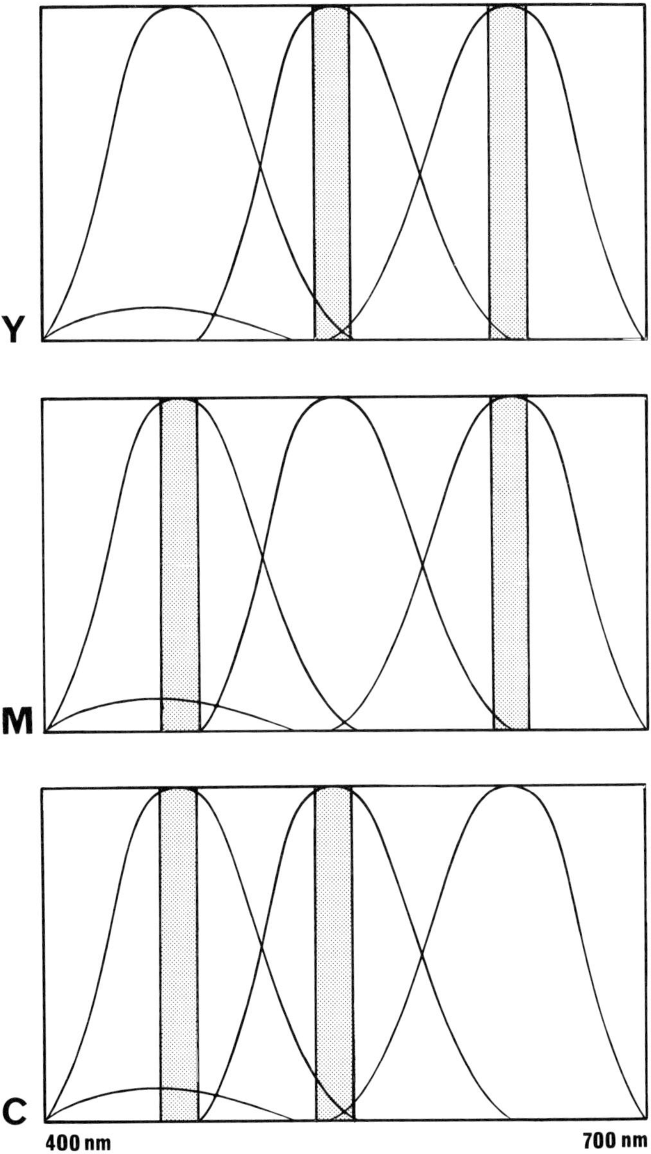

Y
M
C
400 nm
700 nm

die erheblich sein können, deutlich. Buntdia-Material kann man zum Beispiel dadurch testen, daß man sich eine Aufsichts-Test-Vorlage schafft, die man abfotografiert. In dieser Test-Vorlage sollten alle acht Grundfarben als Farbfelder vorhanden sein. Darüber hinaus sollte es Felder in den Mischfarben Grau, Braun, Olivgrün und Beige geben. Wenn man dann das Buntdia gegenüber der Test-Vorlage abmustert, erkennt man die zum Teil erheblichen Abweichungen in der Farbwiedergabe.

Man muß sich klar darüber sein, daß die Farben, die in einem Buntdia entstehen, nicht identisch sind mit den Farben der »abfotografierten Wirklichkeit«, mit jenen Farben nämlich, die ein Betrachter in der gleichen Situation gesehen hat. Vielmehr wird die Farbenvielfalt des gesehenen Bildes reduziert und in jenen Farbenraum »hineingepreßt«, der durch die drei Farbschichten des Buntfoto-Materials wiedergegeben werden kann.

Dabei wirken sich eine ganze Reihe von Einzelfaktoren verändernd auf die Farben des Buntdias aus: die spektrale Zusammensetzung des Beleuchtungslichtes bei der Aufnahme; die Sensibilisierung der Farbschichten im Fotomaterial; der Entwicklunsprozeß; und schließlich, worauf bereits hingewiesen wurde, die spektrale Zusammensetzung des Betrachtungslichtes.

Was in diesem Kapitel zur Buntfotografie am Beispiel eines Dias erklärt wurde, gilt natürlich analog für die fotografische Filmtechnik, denn in einem Buntfilm ist ja jedes Einzelbild nichts anderes als ein winziges Buntdia. Bei der Filmtechnik kommt lediglich noch die Gesetzmäßigkeit der »Speed Mischung« (SpMi) hinzu, die dann wirksam ist, wenn Farbreize in so kurzzeitigem Wechsel auf die Netzhaut des Betrachters treffen, daß sie nicht einzeln wahrgenommen werden können. Werden auf die gleiche Netzhautstelle in der Sekunde nacheinander 18 Einzelbilder oder mehr projiziert, können die Bilder nicht mehr einzeln erkannt werden. Es entsteht der Eindruck der kontinuierlichen bewegten Bildfolge.

Abmustern von Fotos und Drucken

In der Industrie nennt man das Vergleichen und Abstimmen von Farbmustern mit Nachmischungen »Abmustern«.

Wir erinnern uns: Unsere in Abb. 21 gezeigte Wirkungskette erklärt nochmals, wie es normalerweise zur Farbempfindung kommt. Von einer Lichtquelle wird Licht ausgesendet, das auf Material fällt. Dort findet ein Absorptionsvorgang statt. Das »Restlicht«, also jener Teil, der nicht absorbiert wurde, fällt als Farbreiz ins Auge des Betrachters.

Es leuchtet sofort ein, daß die spektrale Zusammensetzung des Farbreizes, der von einem bestimmten Material ins Auge reflektiert wird, sich ändern muß, wenn sich die spektrale Zusammensetzung des Lichtes ändert. Denn solche Strahlen, die an sich von dem betreffenden Material reflektiert werden könnten, werden nicht reflektiert, wenn sie im Licht gar nicht vorhanden sind.

Die spektrale Zusammensetzung von Licht bestimmt die sogenannte »Lichtart«. Beim neutralen Tageslicht ändert sich die Lichtart fortlaufend in Abhängigkeit zum Beispiel vom Strahlungswinkel der Sonne und vom Wetter. Auch künstliche Lichtquellen, etwa Lampen und Leuchtstoffröhren, haben verschiedene Lichtarten.

Da das Aussehen von Körperfarben immer von der Lichtart des vorhandenen Lichtes abhängig ist, unterscheidet man bei ihnen zwischen »bedingt gleichen« und »unbedingt gleichen« Farben. Unbedingt gleiche Farben haben gleiche Reflexionskurven (Farbreizfunktionen) und sehen deshalb bei jeder Lichtart gleich aus. Bei bedingt gleichen Farben – man nennt sie auch »metamere« Farben – ist das anders. Wenn zum Beispiel zwei verschiedene Materialien bedingt gleiche Farben haben, haben sie ein unterschiedliches Absorptionsverhalten. Aus diesem Grunde können sie nur bei einer bestimmten Lichtart gleich aussehen.

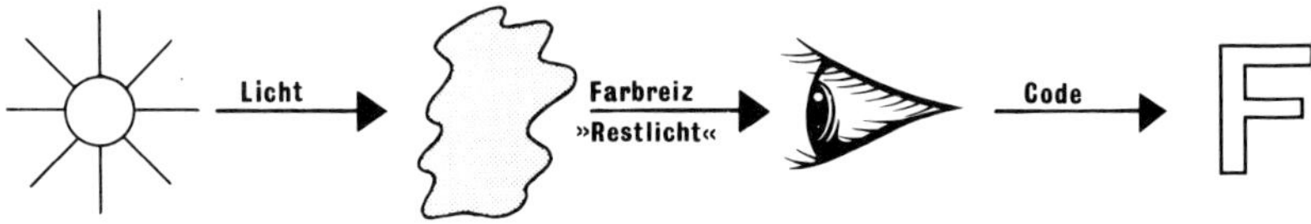

21 Von der spektralen Zusammensetzung (also der Lichtart) des Beleuchtungslichtes hängt es ab, wie die Reflexion, die vom Material kommt, spektral zusammengesetzt ist.

Bei Reproduktionsprozessen haben wir es immer mit bedingt gleichen Farben, also mit metameren Farben zu tun. Denn immer haben die Farbmittel im Wiedergabeprozeß andere spektrale Eigenschaften als die Farben der Vorlagen. Aus diesem Grunde ist es bei Reproduktionsprozessen zwingend notwendig, für das Abmustern die Beleuchtungs- und Betrachtungsbedingungen vorzuschreiben, da nur bei einer einzigen Lichtart visuelle Übereinstimmung zwischen Vorlage und Wiedergabe hergestellt werden kann.

Die Farbe einer Lichtart wird durch Angabe der Farbtemperatur (Grad Kelvin) gekennzeichnet. Bei der Abmusterung kommt es zusätzlich darauf an, auch ein kontinuierliches Licht zur Verfügung zu haben, ein Licht also, in dem alle sichtbaren Energiestrahlen vorhanden sind wie im Tageslicht. Darauf wird durch ein »D« hingewiesen. D steht international für »Daylight«.

Die Bezeichnung »D 65« weist also darauf hin, daß es sich bei dieser Lichtart um eine kontinuierliche spektrale Verteilung mit einer Farbtemperatur von 6500 K (Grad Kelvin) handelt. Die Lichtart »D 50« besitzt ebenfalls eine kontinuierliche spektrale Verteilung. Sie hat die Lichtfarbe 5000 K.

Die Farbe von Fotoschichten ist auf das Licht von Projektionslampen in Film- und Diaprojektoren abgestimmt. Dieses Licht besitzt eine Farbtemperatur von 5000 K. Aus diesem Grunde werden Buntdias (gemäß Standardisierung des Bundesverbandes Druck) mit der Lichtart D 50 abgemustert. Mit anderen Worten: Dia-Betrachtungskästen müssen mit der Lichtart D 50 ausgerüstet sein.

Sämtliche Arten von Aufsichtsobjekten (also Gegenstände, Farbmuster, Aufsichtsfotos und Drucke) sind dagegen bei der Lichtart D

65 abzumustern, die dem mittleren Tageslicht in Mitteleuropa entspricht (DIN 6173 und Standardisierung des Bundesverbandes Druck).

Zusammengefaßt: Da sich bei Reproduktionsprozessen das Aussehen von Vorlage und Wiedergabe bei verschiedenen Lichtarten unterschiedlich verändert, sind für das Abmustern die vorgeschriebenen Lichtarten zu verwenden. Andernfalls kann eine visuelle Übereinstimmung der Farben nicht erwartet werden. Dias werden bei der Lichtart D 50 abgemustert, Aufsichtsobjekte jeder Art bei der Lichtart D 65.

Ein-Farben-Druck

Wenn von Ein-Farben-Druck die Rede ist, ist damit eine Verfahrenstechnik gemeint, bei der nur eine Druckfarbe eingesetzt wird. Diese Druckfarbe kann bunt oder unbunt sein.

Immer sind natürlich beim Ein-Farben-Druck zwei Grundfarben im Spiel, denn anders gäbe es ja keine Differenzierung. Die zweite Farbe ist immer durch die Farbe des mitwirkenden Bedruckstoffes repräsentiert.

Der Bedruckstoff Papier ist zumeist weiß. Er kann aber auch jede beliebige andere Farbe haben. Beim Ein-Farben-Druck ist die Druckfarbe zumeist schwarz. Aber auch sie kann in vielfältiger Weise anders sein. So handelt es sich selbstverständlich auch dann um einen Ein-Farben-Druck, wenn zum Beispiel eine deckende weiße Druckfarbe auf schwarzes Papier gedruckt wird oder wenn eine dunkelblaue Druckfarbe auf gelbes Papier kommt.

Wir wollen zur Erklärung des Ein-Farben-Drucks aber von der normalen Situation ausgehen, also von weißem Papier, das mit schwarzer Druckfarbe bedruckt wird. Dies ist das klassische Beispiel des Unbuntdrucks.

Wenn wir uns mit dem Drucken beschäftigen, müssen wir zunächst kurz auf die Druckverfahren eingehen, die in vier Gruppen gegliedert sind: Hochdruck, Flachdruck, Tiefdruck und Siebdruck. Wir wollen hier nicht die technischen Aspekte des Druckens erläutern, vielmehr wollen wir das Drucken aus der Perspektive der Farbenlehre betrachten.

Zunächst sei prinzipiell erläutert, wie beim Drucken »Tonwerte« entstehen. Dafür gibt es zwei grundsätzlich verschiedene Möglich-

22 Durch Zerlegen der Fläche in verschieden große Rasterpunkte entstehen die Tonwertstufen: links ein feiner Raster (60 Linien/cm), rechts ein grober (24 Linien/cm). ▷

keiten: Entweder haben wir es mit »echten« Halbtönen zu tun oder aber mit »unechten«.

Echte Halbtöne entstehen dadurch, daß Druckfarbe mit unterschiedlichster Farbschichtdicke auf das Papier aufgetragen wird. Dabei variiert die Farbschichtdicke zwischen Null und 100 %. Das ist zum Beispiel beim klassischen Tiefdruck der Fall. Dabei sitzt die Farbe in den vertieften Näpfchen. Durch die unterschiedliche Tiefe der Näpfchen kommt die unterschiedliche Farbschichtdicke zustande. Die Dicke der aufgetragenen Farbschicht steht dabei in einem direkten linearen Verhältnis zur entstehenden Graustufe und damit zum Ausmaß der Schwärzung.

Bei den meisten Druckverfahren wird aber im Prozeß immer mit gleicher Farbschichtdicke gearbeitet. Dabei ergeben sich die (unechten) Halbtöne durch »Aufrastern«: Die Fläche wird in winzige Rasterpunkte zerlegt. Die Größe der Rasterpunkte wird zwischen Null und 100 % variiert. Der entstehende Tonwert steht jetzt in einem direkten linearen Verhältnis zur geometrischen Flächendeckung der Rasterpunkte. Bei einer geometrischen Flächendeckung von Null kommt demnach keine Farbschicht auf das Papier. Bei einer Flächendeckung von 50 % ist genau die Hälfte der Papieroberfläche von der Farbschicht bedeckt. Bei einer Flächendeckung von 100 % liegt die volle Farbschicht auf dem Papier.

Abb. 22 zeigt, wie Tonstufen durch Aufrasterung entstehen. Auf der linken Seite haben wir es mit einem feinen Raster (60 Linien pro cm) zu tun, wie er normalerweise im Offsetdruck verwendet wird. Die Rasterpunkte sind so klein, daß sie unter der Auflösungsschwelle des menschlichen Auges liegen und nicht mehr einzeln erkannt werden können. Auf diese Weise wird – bei gleicher Farbschichtdicke – das Entstehen von Tonwerten »vorgetäuscht«. Auf der rechten Seite sieht man einen groben Raster (24 Linien pro cm). Derartige Raster werden zum Beispiel bei Tageszeitungen verwendet. Wer gute Augen hat, kann die einzelnen Rasterpunkte noch erkennen. Eine einfache, zwei- bis dreifach vergrößernde Lupe reicht schon aus, um bei einem feinen Raster die einzelnen Punkte deutlich sichtbar werden zu lassen.

Wie schon ausgeführt, handelt es sich, aus der Perspektive der Farbentheorie gesehen, beim Ein-Farben-Druck immer um die

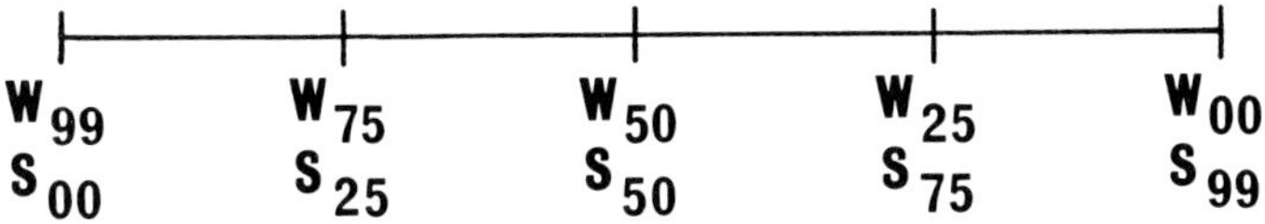

23 Systematische Darstellung der verschiedenen Unbuntarten auf der »Geraden der verschiedenen Unbuntarten«.

Mischung von zwei Farben, nämlich um die Farbe des Bedruckstoffes und um die Farbe der Druckfarbe. Beim Unbuntdruck haben wir es mit der Mischung der beiden unbunten Grundfarben Weiß und Schwarz zu tun. Beim unbunten Rasterdruck wird die Teilmenge von Weiß in der Mischung durch die freibleibenden Flächenelemente der Papieroberfläche repräsentiert, während die Teilmenge von Schwarz der geometrischen Flächendeckung der Druckfarbe S entspricht.

Dabei ist der »Bildumfang« um so größer, je größer der Helligkeitsunterschied zwischen einer unbedruckten Bildstelle und einer Bildstelle ist, auf der die volle Farbschicht Schwarz liegt. Der mögliche Bildumfang in der unbunten Bildreproduktion im Ein-Farben-Druck wird demnach bestimmt durch das Reflexionsvermögen des Bedruckstoffes einerseits und die Schwärzung der Druckfarbe andererseits.

Sämtliche Mischmöglichkeiten, die beim Ein-Farben-Druck durch Zusammenwirken der unbunten Grundfarben Weiß und Schwarz entstehen können, lassen sich auf einer Linie systematisch darstellen, nämlich der »Geraden der verschiedenen Unbuntarten«, die in Abb. 23 zu sehen ist. Wenn wir (um in einem Zahlensystem mit jeweils zwei Ziffern zu bleiben) die Teilmenge von Null mit $_{00}$ und jene von 100 % mit $_{99}$ bezeichnen, ergeben sich die Zusammenhänge, die Abb. 23 zeigt. In diesem Zahlensystem wird 99 mit 100 gleichgesetzt. Wir erkennen das Prinzip des »Mengenaustauschs«, denn immer ergibt die Summe der beiden Teilmengen von Weiß und Schwarz 100 % (bzw. 99). Die beiden Teilmengen stehen in einem reziproken Verhältnis zueinander. Die Teilmenge von Schwarz kann nur dann größer werden, wenn die Teilmenge von Weiß dementsprechend kleiner wird.

Zwei-Farben-Druck

Beim Drucken mit zwei Druckfarben gibt es drei prinzipielle Möglichkeiten: Entweder man nimmt zum Unbuntdruck, also zum Drucken mit Schwarz, noch eine unbunte Farbe, also ein Grau, oder eine bunte Druckfarbe dazu, oder man druckt mit zwei bunten Druckfarben. Setzt man bunte Druckfarben nur flächig ein, um Schriften oder Zeichnungselemente herauszuheben, nennt man sie »Schmuckfarben«. Schmuckfarben sind also Zusatzfarben.

Eine Bildreproduktion, bei der durch Mischung von Schwarz mit einer bunten Farbe neue Farbtöne entstehen, heißt »Duplex«. Das Ausführungsbeispiel von einem Duplex zeigt Buntbild 6.

Farbentheoretisch gesehen hat man es bei einem Duplex mit den Mischmöglichkeiten von drei Ausgangsfarben zu tun, nämlich mit den beiden unbunten Grundfarben Weiß und Schwarz und mit einer bunten Druckfarbe, die in Abb. 24 mit »F« bezeichnet wird. Sämtliche gegebenen Mischmöglichkeiten zwischen diesen drei Ausgangsfarben lassen sich logisch auf der Fläche eines Dreiecks darstellen. Es handelt sich dabei natürlich um die gleichen Mischmöglichkeiten, die gegeben wären, wenn man drei Malfarben hätte: eine weiße, eine schwarze und eine bunte. Auch Abb. 24 zeigt das Prinzip des Mengenaustauschs.

Ganz anders sieht es aus, wenn man eine Bildreproduktion im bunten Zwei-Farben-Druck macht, also zwei bunte Druckfarben verwendet. Wenn man diese beiden Farben so wählt, daß übereinander gedruckte Farbschichten sich zu Schwarz mischen, dann sind, farbentheoretisch gesehen, Mischmöglichkeiten zwischen vier Ausgangsfarben gegeben. Die beiden bunten Druckfarben sind in Abb. 25 mit F^1 und F^2 bezeichnet. Die vier Ausgangsfarben, um die es sich, farbentheoretisch gesehen, handelt, sind dann F^1, F^2, W und S. Die logische Darstellung der Mischmöglichkeiten dieser Farben erläutert die Farbtabelle Buntbild 7. Abb. 26 erklärt die mengenmä-

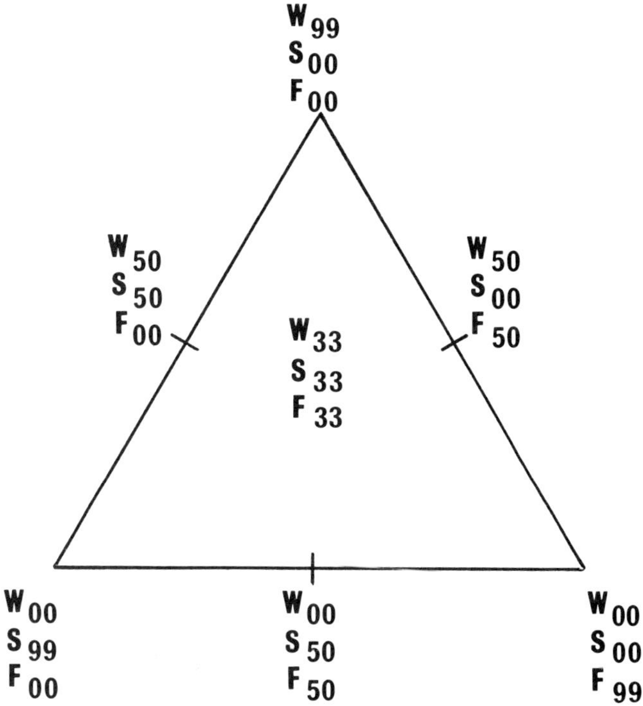

24 Darstellung der Mischmöglichkeiten bei Duplex.

ßige Ordnung auf dieser Fläche. Daß sich beim flächigen Übereinanderdruck der beiden bunten Farbschichten in Buntbild 7 kein Schwarz, sondern nur ein Braun ergibt, liegt daran, daß diese Druckfarben den theoretischen Forderungen nicht voll entsprechen.

Besonders geeignet für den Zwei-Farben-Druck sind Paare von Gegenfarben (Komplementärfarben)*. Gegenfarbenpaare sind die

---

* Physiker nennen solche Farben komplementär, deren Farbreize sich zu Weiß ergänzen. Im Bereich der Farbgestaltung und in vielen Fällen der technischen Farbanwendung werden aber auch, ebenso wie in der Umgangssprache, Gegenfarben als komplementär bezeichnet.

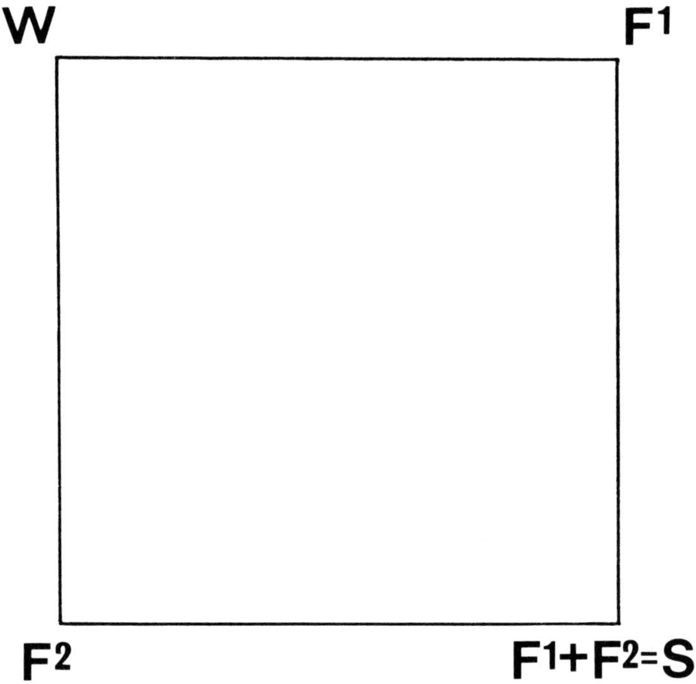

25 Systematische Darstellung der Mischmöglichkeiten von zwei gegenfarbigen bunten Druckfarben.

Druckfarben V und Y, G und M, C und O. Man kann aber mit gleichem Erfolg zwei Druckfarben einsetzen, von denen jede nur ⅓ des Spektrums reflektiert, also etwa G und O, O und V, V und G. Buntbild 7 zeigt die Mischmöglichkeiten, die entstehen, wenn mit den bunten Farben Grün und Orangerot gearbeitet wird.

Je besser die beiden übereinanderliegenden bunten Farbschichten das jeweils geforderte Absorptionsverhalten erfüllen, desto »besser« wird das als Mischung entstehende Schwarz sein.

Duplex und Zwei-Farben-Druck haben allerdings in der Druckindustrie eine nur sehr geringe Bedeutung, denn einerseits gibt es für

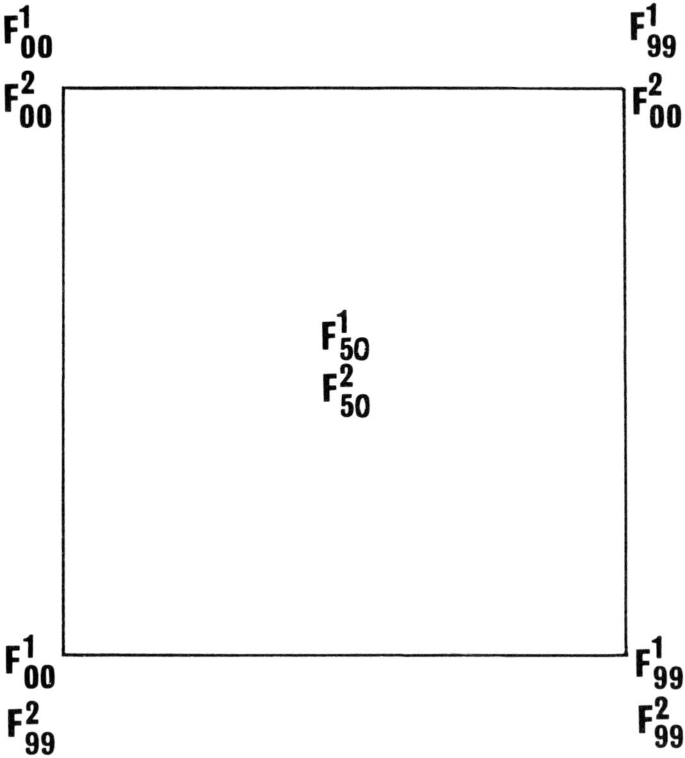

26 Mengenordnung in Abb. 25 (vgl. auch Buntbild 7).

die Herstellung von solchen Reproduktionen keine standardisierten Verfahrenstechniken, weshalb die Ergebnisse nicht sicher vorausbestimmbar und die Preise relativ hoch sind, andererseits stehen für den Auflagendruck in den meisten Fällen Vier-Farben-Maschinen zur Verfügung, weshalb ein Zwei-Farben-Druck in der Auflage keine nennenswerten Einsparungen bringen würde.

Fortsetzung des Textes S. 89

Erläuterungen zum Farbteil

Titelsignet:
Drei-farbiger Buntaufbau. Die drei bunten Druckfarben Gelb, Magentarot und Cyanblau sind in Abstufungen übereinandergedruckt, wobei zwischen den einzelnen Farben eine Drehung von 120° stattgefunden hat.

Buntbild 1:
Die acht Grundfarben. Im Mehrfarbendruck wird die unbunte Grundfarbe Weiß (W) durch die weiße Papieroberfläche repräsentiert. Neben der unbunten Druckfarbe Schwarz (S) wurden die bunten Druckfarben Gelb (Y = Yellow), Magentarot (M), Cyanblau (C), Orangerot (O), Grün (G) und Violettblau (V) verwendet.

Buntbild 2:
In die Rasterplatte eines Fernsehapparates sind Phosphore in den Grundfarben Violettblau, Grün und Orangerot eingebettet, die durch einen Elektronenstrahl zum Leuchten gebracht werden. Dabei kann die Intensität zwischen 0% und 100% gesteuert werden. Die unbunte Grundfarbe Schwarz ist durch die Dunkelheit im Fernsehkasten repräsentiert.

Buntbild 3:
Schema der Additiven Farbmischung. In einem dunklen Raum stehen die additiven Grundfarben Violettblau, Grün und Orangerot als Farblichter zur Verfügung. Das Schema entsteht, wenn die drei Farblichter in dieser Weise übereinandergeblendet werden. Die unbunte Grundfarbe Schwarz wird durch die Dunkelheit im Raum repräsentiert. Dort, wo nur ein Farblicht allein auf die Netzhaut im Auge des Betrachters fällt, entstehen die Farbempfindungen Violettblau, Grün und Orangerot. Dort, wo sich zwei Farblichter überlagern, sieht der Betrachter Gelb, Magentarot und Cyanblau. Dort schließlich, wo alle drei Farblichter übereinanderkommen, entsteht die Farbempfindung Weiß.

Buntbild 4:
Die Abbildung erklärt die Gesetzmäßigkeit der Subtraktiven Farbmischung, die auch der Buntfotografie zugrunde liegt. Die von unten kommenden Lichtstrahlen Violettblau, Grün und Orangerot passieren die horizontal angeordneten Filterschichten. Es wird deutlich, daß die transparente Filterschicht Gelb den kurzwelligen Strahlungsbereich absorbiert, während der mittelwellige und der langwellige durchgelassen wird. Die Filterschicht Magentarot absorbiert den mittelwelligen Strahlungsbereich und läßt den kurzwelligen und den langwelligen durch, während die Filterschicht Cyanblau den langwelligen Strahlungsbereich absorbiert und den kurz- und den mittelwelligen passieren läßt. Durch die drei nacheinandergeschalteten Filterschichten kann kein Licht mehr passieren.

Buntbild 5:
Schema der Subtraktiven Farbmischung. Die subtraktive Grundfarbe Weiß wird durch die weiße Papieroberfläche repräsentiert. Dort, wo nur eine Filterschicht (Druckfarben sind Filterschichten!) auf dem Papier liegt, entstehen die Farben Gelb, Magentarot und Cyanblau, denn in jeder Filterschicht wird ein Strahlungsbereich absorbiert. Wo zwei Filterschichten übereinanderliegen, werden zwei Strahlungsbereiche absorbiert, so daß dort nur noch ein Strahlungsbereich durchgelassen wird. Wo die orangerote Farbe zu sehen ist, passieren nur noch die langwelligen Strahlungsintensitäten die zwei übereinanderliegenden Filterschichten, wo die grüne Farbe zu sehen ist, die mittelwelligen, und wo die violettblaue Farbe zu sehen ist, die kurzwelligen. In der Mitte, wo alle drei Filterschichten übereinanderliegen, wird in jeder Filterschicht ein Strahlungsbereich absorbiert, so daß die Farbempfindung Schwarz beim Betrachter hervorgerufen wird.

Buntbild 6:
Duplex-Reproduktion. Dieses Bild wurde mit den zwei Druckfarben Schwarz und Orangerot gedruckt. Bei geeigneten Bildmotiven lassen sich durch diese Duplex-Technik interessante Bildwirkungen erzielen.

Buntbild 7:
Zwei-Farben-Druck mit den beiden bunten Druckfarben Orangerot und Grün. Die Skala zeigt in Abstufungen die Mischtöne, die dabei entstehen können. Da die Druckfarben den theoretischen Forderungen nicht voll entsprechen, entsteht beim vollflächigen Übereinanderdruck nicht Schwarz, sondern Dunkelbraun.

Buntbild 8:
Drei-Farben-Druck. Wie bei der Buntfotografie ist es auch beim Mehrfarbendruck möglich, allein durch Verwendung der bunten Druckfarben Y, M

und C ein fertiges vielfarbiges Bild zu erzielen. Die Druckfarbe Schwarz ist prinzipiell nicht nötig. Allerdings reagiert ein solcher Drei-Farben-Druck außerordentlich stark auf die unvermeidbaren Farbführungsschwankungen. Die Graubalance ist also während des Auflagendrucks sehr labil.

Buntbild 9:
Hier wird für den Drei-Farben-Druck jeweils der gleiche Bildausschnitt aus den Farbauszügen für Y, M und C gezeigt.

Buntbild 10:
Vier-Farben-Druck mit Buntaufbau. Hier haben wir es mit der »orthodoxen« Reproduktionstechnik zu tun. Zu den »vollen« Farbauszügen Y, M und C kommt ein »Skelett-Schwarz« dazu. Die maximale Flächendeckung in den neutralen Bildtiefen beträgt 400%.

Buntbild 11:
Drei-farbig bunter Zusammendruck der Farbauszüge Y, M und C des Buntbildes 10. Im Prinzip ist im drei-farbig bunten Zusammendruck das Buntbild fertig. Die Druckfarbe Schwarz kommt nur noch dazu, um in den dunklen Partien die Durchzeichnung des Bildes zu verbessern und um in den neutralen Bildtiefen den Farbstich zu vermeiden, die Bildtiefen also zu »stabilisieren«.

Buntbild 12:
Ausschnitte der Farbauszüge für Y, M, C und S des Buntbildes 10. Wir haben es hier mit »vollen« Farbauszügen und mit einem »Skelett-Schwarz« zu tun.

Buntbild 13:
Vier-farbiger Buntaufbau mit UCR (Under Color Removal = Reduzierung der Buntfarben in den unbunten Bildtiefen). Dieser Farbsatz ist im Prinzip ebenso bunt aufgebaut wie der Farbsatz des Buntbildes 10. Lediglich sind in den neutralen Bildtiefen Teile der bunten Druckfarben entfernt worden, um im Auflagendruck Farbannahme- und Trocknungsprobleme zu reduzieren. Die Bildtiefen im Schwarz-Auszug sind dunkler gehalten.

Buntbild 14:
Drei-farbig bunter Zusammendruck der Farbauszüge Y, M und C des Buntbildes 13. Gegenüber dem drei-farbig bunten Zusammendruck des Buntbildes 11 sind die neutralen Bildtiefen aufgehellt.

Buntbild 15:
Teile der Farbauszüge der Druckfarben Y, M, C und S des Farbsatzes von Buntbild 13. Die neutralen Bildtiefen sind im Schwarz-Auszug dunkler, in den Auszügen der bunten Druckfarben sind sie heller.

Buntbild 16:
Perfekter Unbuntaufbau. Dieser Farbsatz ist »voll ausmaskiert« für alle vier Druckfarben S, Y, M und C. Die Druckfarbe S ist zur wichtigsten Farbe geworden, denn sämtliche Unbuntwerte im Bild entstehen nun durch Teilmengen der Druckfarbe S in Verbindung mit den wirksam bleibenden Restflächen des weißen Papiers.

Buntbild 17:
Drei-farbig bunter Zusammendruck des unbunt aufgebauten Buntbildes 16. An jeder Stelle des Druckbildes sind jetzt noch maximal zwei bunte Druckfarben vorhanden. Dieser drei-farbig bunte Zusammendruck enthält keinerlei Unbuntwerte mehr. In den neutralen Bildtiefen sind nur noch geringe Werte von Y und M vorhanden, die den Farbstich repräsentieren.

Buntbild 18:
Teile der Farbauszüge von Y, M, C und S des Buntbildes 16. Beim Unbuntaufbau haben wir es nun mit einem »vollen« Schwarz zu tun und mit »Skelett-Farbauszügen« für Y, M und C.

Buntbild 19:
Vier-farbiger Unbuntaufbau mit Buntfarben-Addition (BA). Wenn die eine einzige Farbschicht der unbunten Druckfarbe Schwarz allein nicht ausreicht, die benötigte Dichte für die neutralen Bildtiefen hervorzubringen, müssen Teilmengen bunter Druckfarben hinzugefügt werden, um die fehlenden Dichten zu ergänzen, »hinzuzuaddieren«, deswegen der Begriff »Buntfarben-Addition«.

Buntbild 20:
Drei-farbig bunter Zusammendruck des Buntbildes 19. Vergleicht man diesen drei-farbig bunten Zusammendruck mit dem des Buntbildes 17, dann erkennt man, daß ausschließlich in den neutralen Bildtiefen Grauwerte dadurch entstanden sind, daß sich Teilmengen der bunten Druckfarben Y, M und C gegenseitig zu unbunt neutralisieren. Die Buntfarben-Addition kann exakt an den benötigten Wert angepaßt werden. Sie fügt denjenigen Dichtewert hinzu, der benötigt wird, um in den neutralen Bildtiefen die gewünschte Schwärzung zu erhalten, wenn die Druckfarbe Schwarz die gewünschte Schwärzung nicht zustande bringt, wie das zum Beispiel beim konventionellen Mehrfarben-Schwarz der Fall ist.

Buntbild 21:
Ausschnitte aus den Farbauszügen von Y, M, C und S des Buntbildes 19. Vergleicht man mit den Farbauszügen des Buntbildes 18, also mit jenen ohne Buntfarben-Addition, dann erkennt man, daß der Schwarz-Auszug der gleiche geblieben ist und daß lediglich in den neutralen dunklen Bildtiefen in jeder bunten Druckfarbe 45% geometrische Flächenbedeckung hinzugekommen sind. Die Buntfarben-Addition beträgt demnach hier 45%.

Buntbild 22:
Die Farbfelder sind drei-farbig bunt aufgebaut. Man erkennt die Grenzen der Farbwiedergabe der im Druck verwendeten Europa-Skala.

Buntbild 23:
Vollflächiger Übereinanderdruck von jeweils zwei bunten Druckfarben in der Europa-Skala. Es wird deutlich, wie unbefriedigend die Farbwiedergabe für die Farbbereiche Orangerot, Violettblau und Grün ist.

Buntbild 24:
Sechs-farbig bunter Zusammendruck. Zu den Druckfarben Y, M und C sind die Druckfarben V, G und O hinzugekommen. Jetzt haben wir es in den kritischen Farbbereichen mit reinen und leuchtend bunten Farben zu tun, jetzt ist die Wiedergabe von reinen bunten orangeroten, grünen und violettblauen Farben möglich. Ein reines Ultramarinblau kann jetzt genauso wiedergegeben werden wie ein giftiges Grün oder ein zartes Gelborange. Vergleicht man mit dem Buntbild 22, so sieht man, wie durch zusätzliche Verwendung der drei bunten Druckfarben V, G und O der Bereich der Farbwiedergabe erheblich erweitert werden kann.

Buntbild 25:
Die in diesem Buch zusätzlich verwendeten Druckfarben Orangerot, Violettblau und Grün. Sie liegen als volle Farbschicht auf dem weißen Papier. Auch hier erkennt man durch Vergleich mit Buntbild 23, inwieweit die Möglichkeiten der Farbwiedergabe dadurch erweitert werden können, daß diese drei bunten Druckfarben zusätzlich eingesetzt werden.

Buntbild 26:
Auf der linken Seite der Abbildung findet man die Druckkontrolleiste FOGRA PMS. Sie mußte in drei Teile auseinandergeschnitten werden, um auf dieser Seite Platz zu finden. Auf der rechten Seite ist der UGRA-Testkeil für jede der vier Druckfarben abgebildet.

Das Motiv von Buntbild 10 erscheint mit freundlicher Genehmigung der Firma Kodak AG.

Weiß white blanc blanco	W
Gelb yellow jaune amarillo	Y
Magentarot magenta-red rouge magenta roco magenta	M
Cyanblau cyan-blue bleu cyan azul cián	C
Orangerot orange-red rouge orange roco naranja	O
Grün green vert verde	G
Violettblau violet-blue bleu violet azul violeta	V
Schwarz black noir negro	S

1

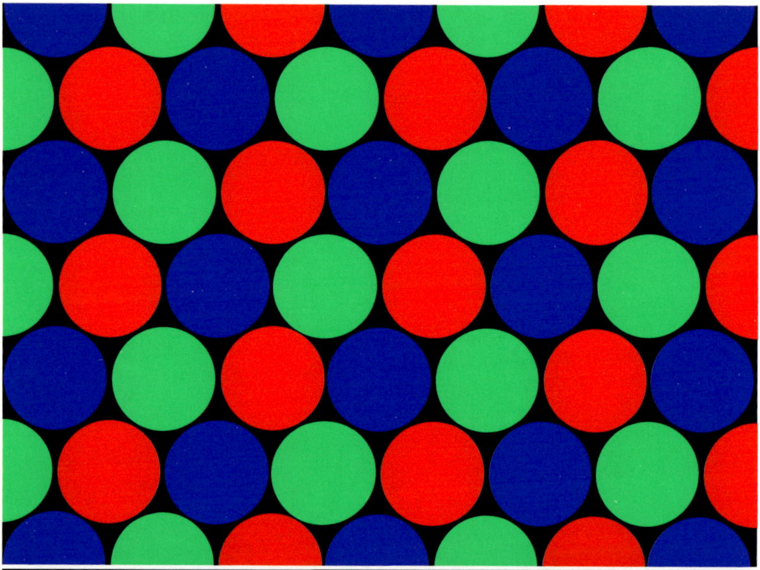
2

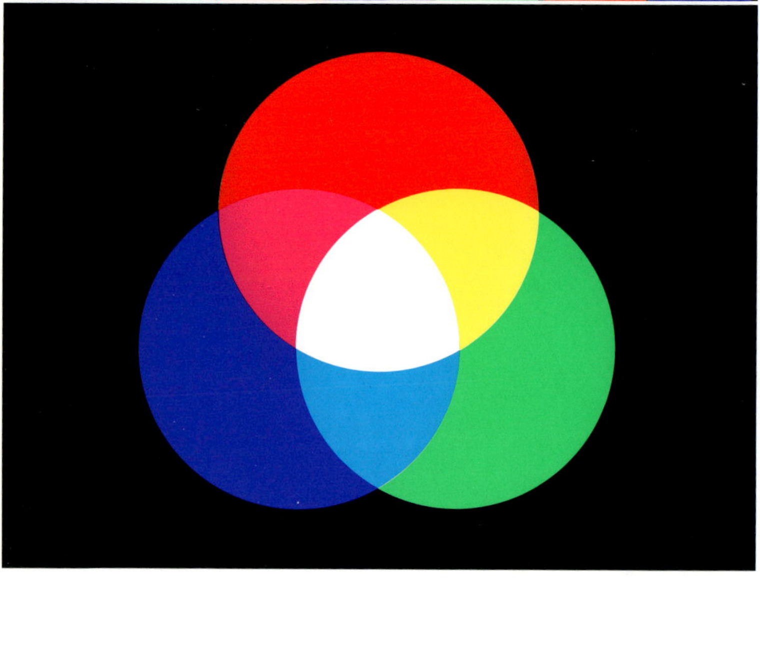
3

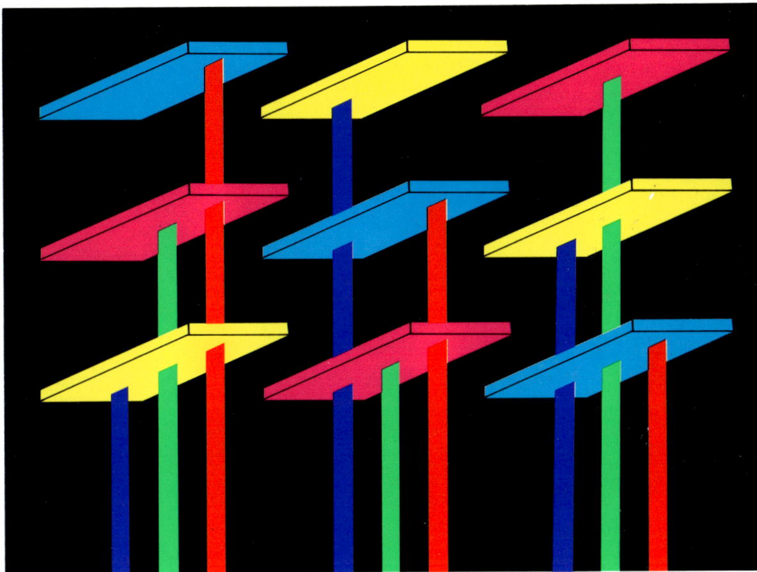

4

5

6

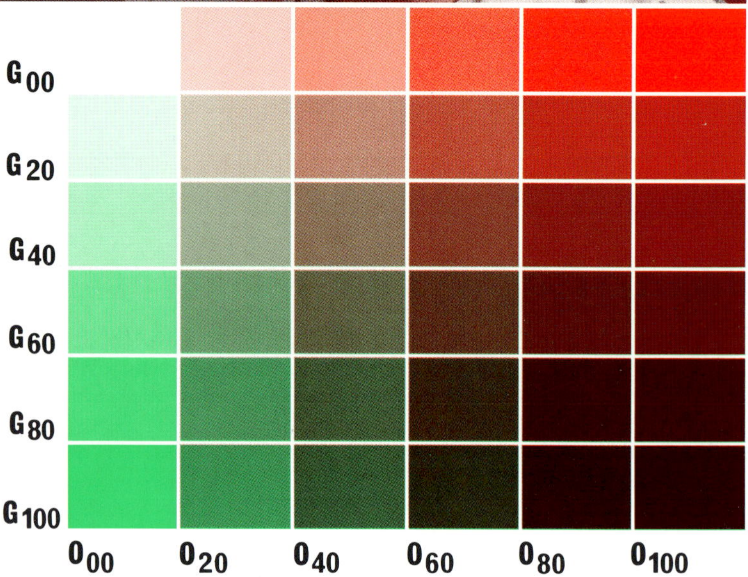

7

8

9

10

11

12

13

14

16

17

18

19

20

22

23

24

25

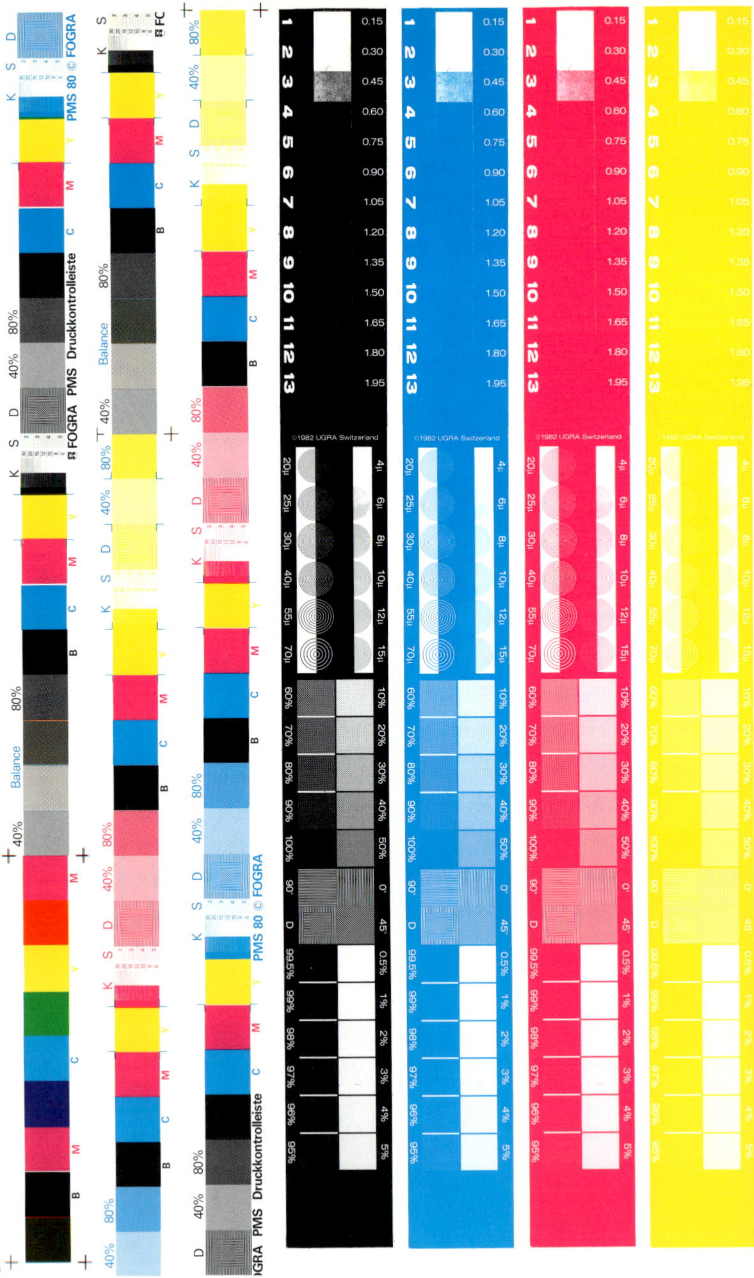
PMS 80 © FOGRA
FOGRA PMS Druckkontrolleiste
Balance
©1982 UGRA Switzerland

Drei-Farben-Druck

Beim Drei-Farben-Druck gibt es die drei bunten Druckfarben Y, M und C. Hier beginnt der sogenannte »Mehrfarbendruck«, bei dem die Farbnuancen im bunten Bild durch systematische Mischung dieser drei Druckfarben entstehen.

Prinzipiell hat der Drei-Farben-Druck die gleichen Möglichkeiten wie die Buntfotografie: Bei diesen beiden Verfahrenstechniken stehen mit Y, M und C die gleichen Grundfarben als transparente Farbschichten, als Filterschichten zur Verfügung. Die unbunte Grundfarbe W muß als Basisfarbe vorhanden sein, um die entstehenden Differenzwerte auszufüllen.

Der drei-farbige Rasterdruck unterscheidet sich von der Buntfotografie lediglich dadurch, daß wir es mit unechten Halbtönen zu tun haben. Die Tonwertabstufungen der einzelnen Druckfarben werden durch Aufrastern vorgetäuscht.

Die Farben der einzelnen Flächenelemente beim Rasterdruck entstehen nach der Gesetzmäßigkeit der Subtraktiven Farbmischung (SubMi). Da die einzelnen Rasterelemente so klein sind, daß sie unter der Auflösungsschwelle des menschlichen Auges liegen, ist gleichzeitig die Gesetzmäßigkeit der Optischen Mischung (OpMi) wirksam. Dieses Zusammenwirken von SubMi und OpMi wird »autotypische Mischung« genannt.

Um im Mehrfarbendruck Buntbilder drucken zu können, werden sogenannte »Druckvorlagen« benötigt. Dabei handelt es sich um Filme, beim Rasterdruck um gerasterte Filme, die fotografisch auf die Druckform übertragen werden.

Wir wollen den Mehrfarbendruck in den folgenden Ausführungen am Beispiel des Flachdrucks, und zwar speziell am Offsetdruck, erläutern. Offsetdruck ist indirekter Druck: Das Druckbild gelangt von der Druckplatte auf dem Umweg über ein Gummituch auf den

Bedruckstoff. Aber das Gesagte gilt natürlich prinzipiell für alle Verfahrenswege des Mehrfarbendrucks.

Für den Offsetdruck werden als Druckvorlage Rasterfilme benötigt, meistens positive Rasterfilme. Eigentlich würde es für den Drei-Farben-Druck genügen, wenn man ein Buntdia »auseinandernehmen« könnte, so daß die einzelnen Farbschichten Y, M und C getrennt zur Verfügung stehen. Man hätte dann die benötigten drei

27 Ausgangstabelle für die Darstellung der Mischmöglichkeiten im Drei-Farben-Druck.

Y_{00}	C_{00}	C_{10}	C_{20}	C_{30}	C_{40}	C_{50}	C_{60}	C_{70}	C_{80}	C_{90}	C_{99}
M_{00}											
M_{10}											
M_{20}											
M_{30}											
M_{40}											
M_{50}											
M_{60}											
M_{70}											
M_{80}											
M_{90}											
M_{99}											

»Farbauszüge«, die man nur noch aufzurastern brauchte, um die echten Halbtöne der Buntfotografie in unechte Rastertöne umzuwandeln. Das Umwandeln in Rastertöne ist beim Offsetdruck deswegen notwendig, weil in der Druckmaschine immer nur die gleiche Farbschichtdicke weiter übertragen werden kann.

Aber natürlich ist es unmöglich, die Farbschichten eines Buntdias zu separieren. Andererseits weichen die Farben dieser Farbschichten von den Farben der Druckfarben ab, denn die Farbschichten der Buntfotografie sind ja, wie wir wissen, auf die Lichtart D 50 abgestimmt, während Drucke bei der Lichtart D 65 abgemustert werden. Und natürlich haben Druckfarben andere spektrale Eigenschaften als Fotomaterialien. Aus diesem Grund müssen also in der »Reproduktionstechnik« Druckvorlagen hergestellt werden, die so beschaffen sind, daß beim Zusammendruck der drei bunten Druckfarben auf dem Bedruckstoff das gewünschte Bild entsteht.

Diese Druckvorlagen sind Farbauszüge, die derart korrigiert werden, daß sämtliche Einflußfaktoren des nachfolgenden Druckprozesses, insbesondere die Druckbedingungen selbst, berücksichtigt sind.

Im Buntbild 8 sehen wir einen sogenannten »Drei-Farben-Satz«, also ein Druckbild, das allein mit den drei bunten Druckfarben Y, M und C hergestellt wurde. Buntbild 9 zeigt entsprechende Ausschnitte aus den Farbauszügen, also aus den Einzel-Druckfarben.

Wic bei der Buntfotografie haben wir es beim Drei-Farben-Druck mit dem reinen Prinzip des Buntaufbaus zu tun, denn sämtliche Teilmengen einer jeden Farbnuance im Druckbild sind aus den bunten Druckfarben Y, M und C entstanden. Also sind auch die Unbuntwerte dadurch entstanden, daß Teilmengen der bunten Druckfarben sich gegenseitig neutralisieren.

Der Farbenraum, der im Drei-Farben-Druck wiedergegeben werden kann, entspricht in etwa dem der Buntfotografie. Er läßt sich in systematischen Farbtabellen logisch darstellen. In der ersten Farbtabelle werden dabei die Mischmöglichkeiten von zwei bunten Druckfarben in Mengenstufen gezeigt. Meist nimmt man als Ausgangstabelle die Mischungen von M und C, wie in Abb. 27 vorgestellt. Wenn man die Mengenstufen in Schritten von 10% staffelt, entstehen 121 Mischnuancen in dieser Farbtabelle. Man sieht in

Abb. 27 auch, daß links über der Tabelle ein fettgedruckter Tabellenwert, »Y_{00}«, steht. Das bedeutet, daß es in dieser Tabelle in keiner Farbnuance Mengenwerte von Gelb gibt, denn der fettgedruckte Tabellenwert gibt die Mengenwerte von Gelb in der Mischung an, der für sämtliche Farbnuancen einer Tabelle der gleiche ist.

Die nächste Tabelle hätte dann zum Beispiel einen Tabellenwert von Y_{10}. Hier besitzt jede Farbnuance eine Teilmenge von 10% von der Druckfarbe Gelb. Von Tabelle zu Tabelle nimmt Y in Schritten von 10% zu, so daß insgesamt elf Tabellen mit zusammen 1331 Farbnuancen entstehen, die im Prinzip waagerechte Ebenen des Würfel-Farbenraums von Abb. 28 repräsentieren.

Geht man so vor, wie hier beschrieben, gliedert man den gesamten im Drei-Farben-Druck reproduzierbaren Farbenraum logisch auf. Jeder Farbnuance ist dabei eine Kennzeichnung zugeordnet, die der geometrischen Flächenbedeckung der betreffenden Druckfarbe im Kopierfilm entspricht. Die Kennzeichnung »Y_{30} M_{10} C_{80}« bedeutet also, daß es sich um eine Farbnuance handelt, die im Drei-Farben-Druck durch 30% Flächendeckung in Y, 10% in M und 80% in C entsteht*.

An den vier Ecken der Ausgangstabelle Abb. 27 finden wir die vier Grundfarben, die Abb. 29 zeigt: Oben links hat W seinen Platz, unten links M, oben rechts C und unten rechts V. Indem auf jede Farbnuance dieser Tabelle die volle Farbschicht Y übergedruckt wird, entstehen durch Zusammenwirken des Absorptionsverhaltens der Farbschichten die fehlenden vier Grundfarben, nämlich Y, O, S und G. Denn aus W wird Y, aus M wird O, aus V wird S, und aus C wird G. Das verdeutlicht Abb. 28. Bei allen Farbnuancen der Würfeloberfläche ist die volle Farbschicht Y vorhanden.

Was bereits vorher für ein Aufsichtsfoto ausführlich erläutert wurde, gilt analog auch für den Mehrfarbendruck, denn die Druckfarben sind, wie bereits gesagt, Filterschichten. Die Strahlen des Beleuchtungslichtes treffen auf die Schichten auf. In jeder Schicht

---

* Die hier beschriebenen Farbtabellen findet man in »DuMont's Farben-Atlas« (s. Bibliografie).

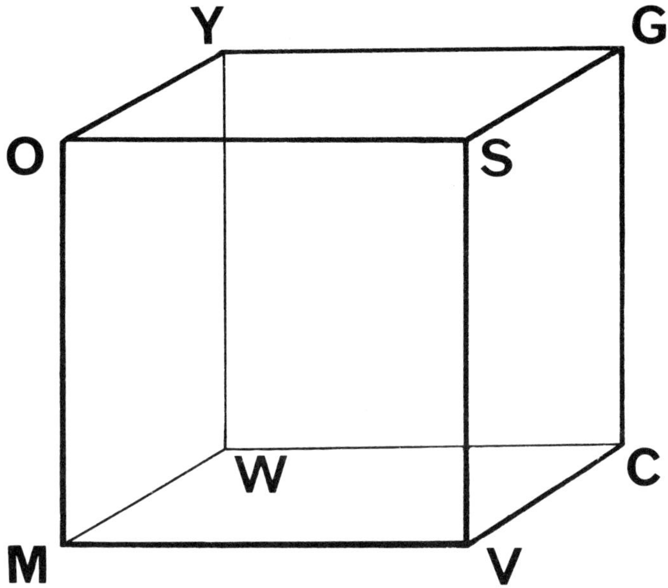

28

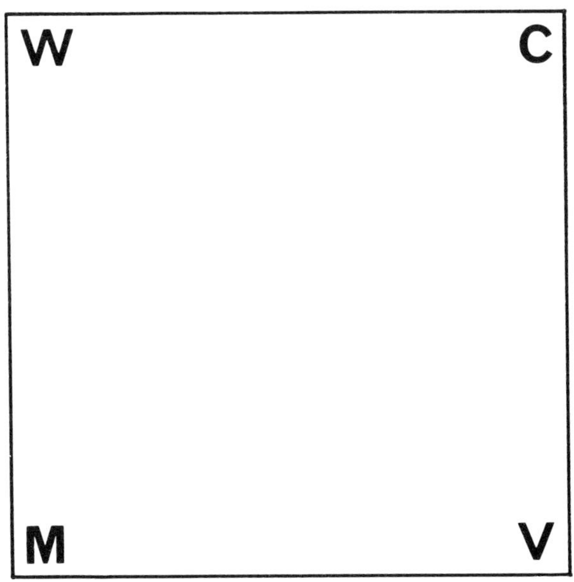

29

findet ein Absorptionsvorgang statt. Wie wir bereits wissen, wird in der gelben Farbschicht der kurzwellige Strahlungsanteil absorbiert, in der magentaroten der mittelwellige und in der cyanblauen der langwellige. Das wurde in Buntbild 4 demonstriert.

Die Farbmenge einer Druckfarbe an jedem Bildpunkt wird durch die Größe der Rasterpunkte bestimmt. Von dieser Größe hängt es ab, wieviel in der betreffenden Farbschicht absorbiert wird. Der nicht absorbierte Teil, also das »Restlicht«, trifft auf die Oberfläche des weißen Bedruckstoffes. Hier wird er reflektiert und gelangt, nachdem er gegebenenfalls nochmals die Farbschichten passiert hat, als Farbreiz in das Auge des Betrachters. Demzufolge ist nach der Manipulation durch Absorption für jede Bildstelle der gewünschte Farbreiz entstanden, der das Sehorgan des Betrachters provoziert, die entsprechenden Farbempfindungen hervorzubringen.

Wenn man das alles bedenkt, könnte man meinen, daß der Drei-Farben-Druck die ideale Lösung des Mehrfarbendrucks überhaupt sei und daß es keinen Grund gäbe, über Alternativen nachzudenken.

Das ist aber leider nicht der Fall, denn es gibt eine Fülle von Problemen. Dadurch nämlich, daß die Unbuntwerte ausschließlich durch Teilmengen bunter Farben gebildet werden, ist der Prozeß überaus instabil, da die Farbschichtdicke jeder Einzeldruckfarbe und damit die auf den Bedruckstoff übertragenen Farbmengen sich im Prozeß in einem gewissen Toleranzbereich ändern. Man spricht von »Farbführungsschwankungen«. Dadurch wird die sogenannte »Graubalance« betroffen. Wenn zum Beispiel die Druckfarben Y und C an der oberen Toleranzgrenze zu liegen kommen, M aber an der unteren, bekommt eine neutrale graue Bildstelle einen häßlichen Grünstich. Ändern sich aber die Toleranzverhältnisse so, daß später in der Auflage M und C an der oberen Grenze liegen und Y an der unteren, wird aus dem Grünstich ein Violettstich usw.

◁ 28 Im Würfel-Farbenraum sind sämtliche Mischmöglichkeiten des Drei-Farben-Drucks systematisch und logisch geordnet.

◁ 29 An den Ecken der Ausgangstabelle Abb. 27 befinden sich die vier Grundfarben.

Da Mehrfarbendruck ohne Toleranzen unmöglich ist, haben wir es beim Drei-Farben-Druck mit einem Prozeß zu tun, bei dem das Aussehen der gedruckten Bilder sich in der Auflage fortlaufend verändert.

Außerdem erfüllen die Druckfarben die theoretisch geforderten Absorptionseigenschaften nicht in der Weise, daß übereinander gedruckte volle Farbschichten von Y, M und C zu einem tiefen Schwarz führen. Vielmehr muß man, um zu neutralen Bildtiefen zu kommen, M und Y gegenüber C etwas aufhellen. Das dadurch entstehende S verliert an Tiefe und Kraft. Hinzu kommt das Problem, daß die Farbe der Bildtiefen sich durch die Farbführungsschwankungen verändert und farbstichig werden kann.

Zudem gibt es beim Mehrfarbendruck immer das Problem der »Farbannahme«. Gemeint ist die Tatsache, daß die Farbe direkt vom Bedruckstoff anders abgenommen wird als von einer bereits vorausgedruckten Farbschicht. Insbesondere bei den schnellaufenden Vier-Farben-Maschinen, bei denen die vorausgedruckte Farbschicht noch naß ist, gibt es entsprechende Farbannahmeprobleme. Auch von hier aus erhält der Prozeß des Drei-Farben-Drucks zusätzliche Instabilität, denn wenn die nachfolgenden Farben nur mit einer geringeren Teilmenge von der vorausgedruckten nassen Farbschicht angenommen werden, verändert sich das Aussehen der Mischnuancen, und es entsteht keine befriedigende Schwärzung in den Bildtiefen.

Schließlich werden in jeder normalen Drucksache auch Schriften verwendet. Diese in einer bunten Druckfarbe mitlaufen zu lassen, führt zu keiner ästhetisch befriedigenden Lösung. Die Farbe Y scheidet sowieso dafür aus, weil sie zu hell ist. Auch M kommt nicht in Frage, weil eine rote Schrift in einer anspruchsvollen mehrfarbigen Drucksache undenkbar ist. Es bliebe also nur C übrig. Aber auch das wäre keine ästhetisch annehmbare Lösung. Man kann nicht alle Schriften in einer mehrfarbigen Drucksache prinzipiell immer in blauer Farbe drucken. So kommt es, daß im Mehrfarbendruck S immer als Druckfarbe zusätzlich zur Verfügung steht.

Vier-Farben-Druck mit Buntaufbau

Was für den Drei-Farben-Druck ausführlich geschildert wurde, gilt prinzipiell auch für den Vier-Farben-Druck mit Buntaufbau. Beim Vier-Farben-Druck kommt lediglich zu den bunten Druckfarben Y, M und C noch die unbunte Druckfarbe S hinzu.

Beim Vier-Farben-Druck mit Buntaufbau entstehen alle Farbnuancen des Buntbildes dadurch, daß Teilmengen der drei bunten Druckfarben zusammenkommen. Auch hier handelt es sich bei den bunten Druckfarben um lasierende Farbschichten, also um Filterschichten, auch hier muß zwingend die unbunte Grundfarbe W zur Verfügung stehen, um die jeweils entstehenden Differenzwerte auszufüllen. Die Druckfarbe S ist zusätzlich vorhanden.

Abb. 30 zeigt, daß im Vier-Farben-Druck – farbentheoretisch gesehen – von den acht Grundfarben fünf im Prozeß zur Verfügung stehen. Dabei spielt allerdings die Druckfarbe S eine sehr merkwürdige Rolle, denn sie dient nur zur Unterstützung, zur Stabilisierung der Bildtiefen und dunklen Grautöne, und sie verbessert bzw. verstärkt in dunklen Bildpartien die »Zeichnung«, also den Kontrast der Bilddetails.

In Buntbild 10 sehen wir eine vier-farbige Bildwiedergabe mit Buntaufbau. Prinzipiell ist die Bildwiedergabe bereits komplett, wenn die Farbauszüge der drei bunten Druckfarben Y, M und C zusammengedruckt worden sind, was Buntbild 11 zeigt. Im Buntbild 12 sind Ausschnitte der vier Farbauszüge wiedergegeben.

Man erkennt, daß es sich bei den bunten Druckfarben um »volle« Farbauszüge handelt und daß man es beim Schwarz mit einem sogenannten »Skelett-Farbauszug« zu tun hat. Teilmengen von S sind nur in dunklen Tertiärfarben zu finden. Sie kommen zusätzlich hinzu, denn grundsätzlich werden ja beim Buntaufbau die Unbuntwerte dadurch gebildet, daß Teilmengen bunter Druckfarben sich

	Grundfarben	Urfarben V	Urfarben G	Urfarben O
Vier-Farben-Druck	W	○	○	○
	Y	—	○	○
	M	○	—	○
	C	○	○	—
	V	○	—	—
	G	—	○	—
	O	—	—	○
Vier-Farben-Druck	S	—	—	—

30 Die fünf Grundfarben, die im Vier-Farben-Druck zur Verfügung stehen.

gegenseitig neutralisieren. Die Teilmengen von S haben demnach lediglich eine Hilfsfunktion. Sie unterstützen nur den Bildaufbau. Eigentlich würden sie gar nicht gebraucht.

Der Skelett-Farbauszug von S beginnt überhaupt erst in der Mitte des Gradationsverlaufs zwischen der hellsten und der dunkelsten Bildstelle, also im Mittelton, Tonwerte zu zeigen. In den neutralen Bildtiefen sind 70% bis höchstens 80% Flächendeckung in S zu finden. Dieses in den Bildtiefen hinzugefügte Schwarz verringert die Gefahr, daß neutrale Bildtiefen durch Farbführungsschwankungen Farbstiche bekommen.

Eine systematische Darstellung des Vier-Farben-Drucks mit Buntaufbau ist in übersichtlichen Farbtabellen beinahe ausgeschlossen, denn durch den Buntaufbau entstehen ja bereits sämtliche Farbnuancen, die im Würfel-Farbenraum von Abb. 28 ihren Platz haben.

Bei Mengenabstufungen von 10% waren bei der systematischen Darstellung des Buntaufbaus (SubMi) elf Farbtabellen entstanden, die entsprechende Ebenen des Würfel-Farbenraums repräsentierten. Wollte man die Rolle von S in diesem Prozeß logisch sichtbar machen, müßte jede einzelne dieser elf Farbtabellen als Ausgangstabelle zur Darstellung von S dienen. Aus jeder einzelnen Tabelle würden also durch Überdruck von Rasterwerten der Druckfarbe S elf neue Tabellen entstehen, so daß ein gesamtes Tabellenwerk schließlich 121 Farbtabellen umfassen müßte. Niemand würde sich in diesem Tabellenwerk zurechtfinden, da die Unbuntwerte, die durch S entstehen, konkurrierend vorhanden wären zu den Unbuntwerten, die durch Teilmengen der bunten Druckfarben entstehen. Es ist daher wirklich nicht verwunderlich, daß es derartige Tabellenwerke gar nicht gibt.

Die Schilderung läßt bereits erkennen, wie problematisch ein Reproduktionsprozeß sein muß, bei dem Unbuntwerte in dieser Alternativform auftreten können.

Gegenüber dem Drei-Farben-Druck hat der Vier-Farben-Druck die bereits geschilderten Vorteile bei der Unterstützung der Bildtiefen und der Bildzeichnung. Die Druckfarbe Schwarz steht darüber hinaus für die Schriften zur Verfügung.

Aber der Vier-Farben-Druck mit Buntaufbau bringt auch eine Fülle von Problemen, denn in den neutralen Bildtiefen kommen nun vier Schichten von Druckfarbe übereinander zu liegen, die gemeinsam zu einer Summe der Flächendeckung von 370% bis 380% führen. In den schnellaufenden Vier-Farben-Maschinen bekommt man diese Farbmenge technologisch nicht in den Griff, da die Farbschichten nicht trocken sind, wenn die nächstfolgende Farbe aufgedruckt wird. Das führt zu Schwierigkeiten bei der Farbannahme und damit zu Schwankungen der Farbwiedergabe im Auflagendruck: Das Aussehen der Farbnuancen im Bild verändert sich, wenn die nachfolgende Druckfarbe von der vorhergehenden, noch nassen Farbschicht nicht ausreichend angenommen wird.

Auch die Graubalance bleibt instabil. Da prinzipiell die Unbuntwerte durch Teilmengen bunter Druckfarben entstehen, muß jede Farbführungsschwankung sofort die Graubalance beeinflussen.

Bei dünnen Papieren schlägt die relativ große Farbmenge leicht durch den Bedruckstoff durch. Sie dringt in das Material ein und zeichnet sich auf der anderen Seite ab. Darüber hinaus müssen die Drucke stark gepudert werden, damit sie nicht zusammenkleben, wodurch der Bildkontrast leidet. Und schließlich haben derartige Druckbogen ein sehr schlechtes Stapelverhalten. Die Farbe kann auf den darunter- oder darüberliegenden Bogen abschmieren. Im Extremfall kann der ganze Stapel von Druckbogen zusammenkleben.

Deshalb wurde darüber nachgedacht, wie man die Farbmenge von 370% Flächendeckung in den Bildtiefen reduzieren kann. Denn, genaugenommen, haben wir es bei den neutralen Bildtiefen ja mit »doppelten« Unbuntwerten zu tun, die so im Prozeß überhaupt nicht benötigt werden. Aus den USA kam in den 60er Jahren die Idee, die Summe der Flächendeckung in den neutralen Bildtiefen dadurch zu reduzieren, daß man Teile der bunten Druckfarben dort entfernte, wo sie nicht notwendig waren. Das wurde »UCR« (Under Color Removal) genannt. Die Abkürzung UCR wurde in die deutsche Fachsprache übernommen. Als Übersetzung wurde der Begriff »Unterfarben-Rücknahme« eingeführt*.

---

* Dieser Begriff ist ein Beispiel für unsinnige Sprachbehandlung. Denn natürlich sind auch S und W Farben. Wenn man schon von »Rücknahme« spricht, sollte es zumindest »Buntfarben-Rücknahme« heißen.

UCR ist also eine Variante des Buntaufbaus, bei der die nicht benötigten Teilmengen bunter Druckfarben in den neutralen Bildtiefen entfernt werden. Man reduziert auf diese Weise die Summe der Flächendeckung in diesen Bildpartien, um damit die Probleme der Farbannahme und der Trocknung zu vermindern.

Die Wirkung von UCR erkennt man, wenn man die Buntbilder 13–15 mit den Buntbildern 10–12 vergleicht. Bei Buntbild 13 handelt es sich um das gleiche Motiv wie bei Buntbild 10. Der Unterschied besteht lediglich darin, daß in den neutralen Bildtiefen je 30% Flächendeckung der bunten Druckfarben entfernt worden sind und dafür die Flächendeckung von S von 70% auf 90% erhöht wurde. Aus den 370% Flächendeckungssumme im Buntbild 10 (3 × 100% = 300% + 70% S = 370%) ist im Buntbild 13 eine Flächendekkungssumme von 300% geworden (3 × 70% = 210% + 90% S = 300%). Man erkennt die Reduzierung der Rasterwerte in den neutralen Bildtiefen dann, wenn man den dreifarbig bunten Zusammendruck des Buntbildes 14 und denjenigen des Buntbildes 11 studiert und wenn man die Einzelfarbauszüge des Buntbildes 15 mit jenen des Buntbildes 12 vergleicht.

Allerdings konnte sich UCR in der Reproduktionstechnik nicht in erheblichem Umfange durchsetzen. Das liegt vor allen Dingen daran, daß es mit den elektronischen Farbauszugsgeräten, den Farbscannern, in den meisten Fällen nicht möglich war, die »Buntfarben-Reduzierung« lediglich auf die neutralen Bildtöne zu begrenzen. Bei der Scannertechnik kam es immer wieder vor, daß Teilmengen bunter Druckfarben durch UCR dort entfernt wurden, wo sie dringend vonnöten waren, zum Beispiel bei dunklen Brauntönen, bei Dunkelgrün oder Dunkelblau. Außerdem war die Wirkung von UCR in den einzelnen Farbauszügen nicht identisch, so daß unangenehme Farbsäume und bunte Ränder entstanden.

Diese Schwierigkeiten führten dazu, daß UCR nur in besonderen Fällen und auf ausdrücklichen Wunsch der Besteller in nennenswertem Umfang durchgeführt wurde und sich nicht auf breiter Basis in die allgemeine Reproduktionstechnik einführen konnte.

Vier-Farben-Druck mit Unbuntaufbau

Betrachtet man die vorher geschilderte Technik des konventionellen Vier-Farben-Drucks aus der Perspektive der Farbenlehre, so stellt man mit Erstaunen fest, daß der prinzipielle Buntaufbau eine von zwei alternativ gegebenen Möglichkeiten ist, und zwar die wesentlich schlechtere. Die bessere Möglichkeit ist ein Vier-Farben-Druck mit unbuntem Bildaufbau.

Offenbar sind die technischen Entwicklungen in der Druckindustrie immer empirisch verlaufen, also über den Weg von Versuch und Irrtum. Offenbar ist nicht darüber nachgedacht worden, welche logischen Konsequenzen sich aus den zugrunde liegenden Gesetzmäßigkeiten der Farbenlehre ergeben. Der Vier-Farben-Druck mit Buntaufbau ist nichts anderes als der Versuch, die Buntfotografie nachzuahmen. Zusätzlich bedient man sich der Druckfarbe S als »Krücke«, um über die Problematik der Farbannahme und der Farbführungsschwankungen besser hinwegzukommen.

Die Gegebenheiten beim Buntdruck sind aber prinzipiell andere als die bei der Buntfotografie, denn wir haben es beim Drucken ja nicht mit einem Material zu tun, welches latent die Fähigkeit besitzen muß, an jeder Bildstelle die transparenten Farbschichten Y, M und C entstehen zu lassen. Vielmehr ist Drucken ein »Transportvorgang«. Von der Druckform kann jede beliebige Druckfarbe an jede gewünschte Stelle des Bedruckstoffes transportiert werden. Das ist es, was den Buntdruck von der Buntfotografie unterscheidet.

Wie wir schon sagten, gibt es bei der Buntfotografie keine Alternative zum klassischen Prinzip der Subtraktiven Mischung (SubMi). Unbuntwerte können dabei nicht anders entstehen als dadurch, daß sich Teilmengen bunter Grundfarben gegenseitig neutralisieren. In der Buntfotografie ist eine zusätzliche Farbschicht Schwarz undenkbar. Das könnte unmöglich funktionieren.

Beim Vier-Farben-Druck dagegen haben wir die unbunte Grundfarbe Schwarz als Farbschicht zur Verfügung. Von den acht Grundfarben in der Tabelle Abb. 30 stehen uns also fünf beliebig zur Disposition: die drei bunten lasierenden Filterschichten Y, M und C und die deckende Farbschicht S. Dazu kommt die Grundfarbe W, die die Funktion der Basisfarbe übernommen hat und die in Gestalt der weißen Oberfläche des Bedruckstoffs zur Verfügung steht.

Aus der Farbenlehre wissen wir, daß sich jede beliebige Farbnuance prinzipiell aus einem Buntwert und aus einem Unbuntwert zusammensetzt. Wir wissen auch, daß man den Unbuntwert am besten aus den unbunten Grundfarben W und S entstehen läßt, denn dann bekommt man beim Mischen überhaupt keine Probleme mit der »Graubalance«, also mit dem Abgleich der Teilmengen bunter Farben untereinander, mit dem Ziel, farbstichfreie Unbuntwerte hervorzubringen. Im übrigen sind reine, leuchtende bunte Farbmittel meistens auch teurer als unbunte.

Aus der Farbentheorie ergibt sich deshalb die logische Konsequenz, daß es technologisch und ökonomisch sinnvoll ist, im Vier-Farben-Druck die Unbuntwerte dadurch entstehen zu lassen, daß Teilmengen der unbunten Druckfarbe S mit den Restflächen des weißen Papiers zusammenwirken. Dann benötigt man die bunten Druckfarben nur noch dazu, um den jeweiligen Buntwert der Farbnuancen zu bilden.

Einen solchen Vier-Farben-Druck mit unbuntem Bildaufbau sehen wir im Buntbild 16. Den drei-farbig bunten Zusammendruck dazu zeigt uns Buntbild 17. Wir erkennen, daß an keiner Stelle dieser Reproduktion Teilmengen von mehr als zwei bunten Druckfarben zusammenkommen, denn die dritte bunte Druckfarbe würde ja zu Unbuntwerten führen, die jetzt ausschließlich durch S gebildet werden.

Hier sei darauf hingewiesen, daß man den dreifarbig bunten Zusammendruck einer Reproduktion prüfen muß, wenn man sicher feststellen will, ob es sich tatsächlich um einen Farbsatz mit unbuntem Bildaufbau handelt; anders gelingt es kaum, einen Farbsatz mit starkem UCR von einem solchen zu unterscheiden, der wirklich unbunt aufgebaut ist.

Buntbild 18 zeigt die einzelnen Farbauszüge dieses Motivs. Beim Unbuntaufbau haben wir es, wie hier deutlich wird, mit einem »vollen« Farbauszug für Schwarz und mit »Skelett-Farbauszügen« für die drei bunten Druckfarben zu tun. Schwarz wird zur wichtigsten Farbe in diesem Prozeß.

Beim unbunt aufgebauten Vier-Farben-Druck entstehen die unbunten Farbnuancen nicht mehr dadurch, daß sich Teilmengen der drei bunten Druckfarben gegenseitig neutralisieren. Vielmehr entstehen sie jetzt dadurch, daß lediglich die Teilmenge der Druckfarbe S mit den Restflächen der weißen Materialoberfläche zusammenwirkt.

Man hat sich aber nicht vorzustellen, daß in der Bildreproduktion, zum Beispiel eines Buntdias, Bildpartien auftreten können, wo Rasterwerte von S allein auf dem Papier liegen, denn eine absolut unbunte Farbnuance wird man aller Voraussicht nach in einem solchen Bild nicht finden können. Das absolut Unbunte ist nämlich so extrem wie das absolut Gute oder das absolut Häßliche. In einem Buntdia wird normalerweise in einer unbunten Farbnuance immer der Rest von einer oder zwei Druckfarben vorhanden sein, auch wenn er noch so klein ist. Daraus ergibt sich, daß in der Reproduktion in einer neutralen Bildstelle neben den Rasterwerten von S fast immer Rasterwerte von einer oder zwei bunten Druckfarben zu finden sind, die den Farbstich bilden, der durch einen (wenn auch kleinen) Buntwert zustande kommt. Auf diese Weise entstehen die Nuancierungen der Grautöne.

Der konsequente Unbuntaufbau führt aber auch dazu, daß die Unbuntwerte in bunten Farbnuancen durch S gebildet werden.

Wir erinnern uns: Beim Buntaufbau entstand der Unbuntwert in einer Farbnuance prinzipiell durch Teilmengen der bunten Gegenfarbe. Die Schattenzeichnung in einem grünen Blatt wurde durch M gebildet, die auf einer Orange kam durch C zustande.

Beim Unbuntaufbau entsteht aber die Schattenzeichnung in bunten Farbnuancen prinzipiell durch Teilmengen von S. In den Schattenpartien des grünen Blattes kommen nun Teilmengen von Y und C mit S zusammen, in jenen der Orange solche von Y und M mit S. Mit anderen Worten: Nicht nur die Unbuntwerte in den neutralen, sondern auch die Unbuntwerte in den bunten Bildpartien werden durch

Teilmengen von S hervorgebracht. Wo beim Buntaufbau in der neutralen Bildtiefe eine Summe der Flächendeckung von etwa 370% zustande kam, haben wir es beim Unbuntaufbau nur noch mit einer Summe der Flächendeckung von zum Beispiel 120% zu tun (volle Fläche S = 100% + Farbstich = 20%).

Es wird jedermann einleuchten, daß der Unbuntaufbau gegenüber dem Buntaufbau für den Vier-Farben-Druck enorme Vorteile bringt, von denen die wichtigsten hier dargestellt werden sollen.

1. **Graubalance:** Farbführungsschwankungen können die Graubalance im Auflagendruck nicht mehr stören, denn Farbführungsschwankungen bei S führen lediglich noch dazu, daß die Unbuntstufen etwas heller oder etwas dunkler werden; sie »kippen« aber nicht mehr in irgendeinen Farbstich ab. Farbführungsschwankungen in den bunten Druckfarben beeinflussen die Graubalance nicht mehr merkbar, weil sie nur noch den Farbstich leicht verändern können. Es kann also zum Beispiel nur die Art eines Grünstichs leicht verändert werden. Der Grünstich kann etwas gelblicher oder etwas bläulicher werden, aber es kann aus diesem grünstichigen Grau kein violettstichiges Grau werden.
2. **Farbführung:** Der Prozeß des Vier-Farben-Drucks wird gegenüber Farbführungsschwankungen auch der bunten Druckfarben weitgehend unempfindlich. Nehmen wir als Beispiel eine Anzeige, bei der ein Herr in nachtblauem Anzug neben einem gelben Porsche steht. Wenn beim Auflagendruck eine kräftige Farbführung in Gelb gewünscht wird, um die Farbe des Sportwagens leuchtend herauszubringen, entstehen in den neutralen Tiefen des blauen Anzugs die gefürchteten Grünstiche. Das ist beim Unbuntaufbau nicht möglich. Der Drucker kann bei der Auflage so viel Farbe geben, wie er technisch verkraften kann. Der Bildaufbau wird dadurch nicht mehr gefährdet.
3. **Farbannahme:** Die Farbannahmeprobleme, die besonders in den schnellaufenden Vier-Farben-Maschinen auftreten, werden drastisch reduziert. Wenn man Buntbild 17 mit Buntbild 14 vergleicht, erkennt man, daß beim Unbuntaufbau wesent-

lich weniger bunte Farbe auf das Papier gebracht wird. Und je geringer die Mengen der aufgedruckten bunten Farben auf dem Papierbogen sind, desto geringer wird auch das Farbannahmeproblem.

4. **Trocknung:** Besondere Schwierigkeiten entstehen bei den schnellaufenden Vier-Farben-Maschinen dadurch, daß die auf das Papier aufgetragenen Farbmengen sehr schnell getrocknet werden müssen. Das trifft insbesondere für »Rollenoffset« (das Papier läuft von einer Rolle als Bahn in die Druckmaschine) zu, hier natürlich speziell auch für den vier-farbigen Zeitungsdruck, denn je weniger Druckfarbe aufs Papier kommt, desto geringer werden auch die Trocknungsprobleme.
5. **Papiergewicht:** Man kann bei Unbuntaufbau dünnere Druckpapiere verwenden.
6. **Tourenzahl:** Man kann die Druckmaschinen schneller laufen lassen.
7. **»In-Farbe-Kommen«:** Darunter versteht der Drucker die Zeit, die er benötigt, bis die Farbe auf dem Druckbogen stimmt, bis das Gleichgewicht aller vier Druckfarben so hergestellt ist, daß das Ergebnis des Andrucks erreicht wird. Unbunt aufgebaute Reproduktionen kommen sehr schnell in Farbe.
8. **Papierverbrauch:** Je länger es dauert und je schwieriger es für den Drucker ist, in Farbe zu kommen, desto größer wird der Anteil an Makulatur (unbrauchbare Exemplare) am Papierverbrauch. Durch Unbuntaufbau kann man die Menge der Makulatur minimieren.
9. **Farbverbrauch:** Bei konsequenter Anwendung des Unbuntaufbaus läßt sich der Farbverbrauch wesentlich reduzieren. Zum Druck neutraler Bildtiefen wird anstelle von 3 kg bunter Druckfarbe 1 kg Schwarz benötigt.
10. **Pudern:** Es kann mit weniger Puder gearbeitet werden. Das bringt nicht nur eine weitere Materialeinsparung, sondern auch kontrastreichere Bildwirkung.
11. **Energie:** Da weniger Druckfarbe auf das Papier kommt, läßt sich beim Trocknen Energie einsparen.

12. **Trocknungsanlagen:** Sie können entsprechend dem geringeren Trocknungsaufwand kleiner dimensioniert sein.
13. **Farbwiedergabe:** Erstaunlicherweise läßt sich im Unbuntaufbau ein größerer Farbenraum wiedergeben als im Buntaufbau, denn im Unbuntaufbau ist es möglich, klare verschwärzlichte Dunkelblau-, Dunkelgrün- und Brauntöne entstehen zu lassen.
14. **Detailzeichnung und Passer:** Das im Unbuntaufbau hergestellte Druckbild ist weniger empfindlich auf leichte Paßdifferenzen im Druck, da ja die Bildzeichnung vorwiegend durch die Druckfarbe Schwarz entsteht. Überhaupt läßt sich die Bildzeichnung im Auflagendruck leichter steuern, da die Gefahr wesentlich geringer wird, daß die Bildzeichnung in den dunklen Partien »absäuft«.
15. **Metamerie:** Farbnuancen, deren Unbuntwert durch Teilmengen der Druckfarbe S entstanden sind, sind weniger anfällig für Metamerie. Damit wird der Einfluß der spektralen Zusammensetzung des Beleuchtungslichtes auf das Aussehen der Drucke geringer.

Beim drei-farbigen Buntaufbau hatten wir es mit Reproduktionen zu tun, bei denen die Farbauszüge für die bunten Druckfarben Y, M und C voll »ausmaskiert« waren, das heißt, daß in keinem dieser drei bunten Farbauszüge Teilmengen zu finden waren, die einen anderen bunten Farbauszug »stören« konnten, die überflüssig waren. Die Teilmengen von S kamen für neutrale Farbnuancen zusätzlich dazu, gewissermaßen nach dem Prinzip »Doppelt genäht, hält besser«.

Beim perfekten Unbuntaufbau haben wir es aber im Gegensatz dazu mit Farbauszügen zu tun, die für alle vier Druckfarben voll ausmaskiert sind. Die Rollen für die einzelnen Druckfarben sind jetzt anders verteilt. Die Druckfarbe S hat nun eine gleichgewichtige, gleichwertige Aufgabe übernommen wie jede der drei anderen bunten Druckfarben. Ja, sie ist eigentlich sogar zum »Primus inter pares« geworden, zur ersten unter gleichen, zur wichtigsten Farbe im Prozeß überhaupt.

Beim perfekten Unbuntaufbau gibt es an jeder Bildstelle Teilmengen von höchstens drei der vorhandenen vier Druckfarben (in den

Buntbildern ist dies noch nicht immer 100%ig realisiert, weil die Scanner-Technik dazu noch nicht vollständig in der Lage ist). Dabei sind nur die drei Gruppen der Tabelle Abb. 31 möglich. In dieser Tabelle wird die Grundfarbe Weiß nicht erwähnt, da sie als Oberfläche des Bedruckstoffes automatisch die Differenzwerte ausfüllt. In jeder Gruppe ist S vorhanden, um zusammen mit W die Unbuntwerte zu bilden. Die Buntwerte entstehen entweder aus Y und M, oder aus M und C oder aus C und Y.

Der konsequente, also der 100%ige Unbuntaufbau setzt natürlich voraus, daß eine schwarze Druckfarbe zur Verfügung steht, die bei normaler Farbschichtdicke und Konsistenz die benötigte Schwärzung (neutrale Dichte) mitbringt. Das ist bei normalem »Mehrfarben-Schwarz«, wie es bei den Norm-Druckfarben zur Verfügung steht, nicht der Fall. Diese üblichen schwarzen Druckfarben für den Vier-Farben-Druck sind eigentlich mehr ein dunkles Grau als ein Schwarz.

Aus diesem Grund bieten inzwischen alle bedeutenden Druckfarben-Hersteller spezielle Schwarzfarben für den Unbuntaufbau an, die auch »Unbunt-Schwarz« genannt werden.

Beim heutigen Stand der Technik ist die konsequente Realisierung des Unbuntaufbaus dann möglich, wenn als Bedruckstoff Kunstdruckpapier und als schwarze Druckfarbe Unbunt-Schwarz verwendet wird. Denn diese Papier-Druckfarbe-Kombination führt dazu, daß die Farbschicht Schwarz allein die neutrale Dichte entstehen läßt, die für die Bildtiefen im Mehrfarbendruck benötigt wird.

Wo diese geschilderte Papier-Druckfarbe-Kombination nicht zur Verfügung steht, wo also entweder mit anderen Papieren oder aber

Y	M	C
M	C	Y
S	S	S

31 Beim Vier-Farben-Druck mit unbuntem Bildaufbau wird jede Bildstelle aus einer dieser drei Gruppen gebildet.

mit normalem Mehrfarben-Schwarz gearbeitet werden muß, würde eine Farbschicht Schwarz allein nicht ausreichen, um die benötigten Dichten in den Bildtiefen entstehen zu lassen.

Diesen Mangel kann man kompensieren, indem man die neutralen Bildstellen unterstützt. Man fügt die Dichte, die der Druckfarbe Schwarz fehlt, dadurch hinzu, daß man neutrale Dichtewerte aus Teilmengen bunter Druckfarben bildet. Dieses Hinzufügen, »Hinzuaddieren« nennt man »Buntfarben-Addition«, abgekürzt mit »BA«. Durch den richtigen BA-Wert kann man sich auf diese Weise exakt an die Materialbedingungen von Auflagenpapier und Auflagen-Druckfarbe anpassen.

Buntbild 19 zeigt das gleiche Motiv wie Buntbild 16. Nur wurde hier mit einer Buntfarben-Addition von 45% reproduziert. Man erkennt das im Vergleich des drei-farbigen Zusammendrucks in Buntbild 20 zu jenem in Buntbild 17 und am Vergleich der Farbauszüge mit BA in Buntbild 21 mit den Farbauszügen ohne BA in Buntbild 18.

Zur Ermittlung der optimalen BA-Werte für eine bestimmte Papier-Druckfarbe-Kombination kann man eine »Unbunt-Testform« verwenden. Das kann von besonderem Wert sein, wenn ein Drucker wichtige periodisch wiederkehrende Druckaufträge hat, bei denen er sich die Möglichkeiten des Unbuntaufbaus optimal nutzbar machen will.*

Eine solche Unbunt-Testform ist ein vierfarbiger Satz von Kopierfilmen bzw. Druckplatten. Es können schwierige Bildmotive mit Farbnuancen vorwiegend im Tertiärbereich vorhanden sein. Jedes Bildmotiv ist dann mehrmals, und zwar in verschiedenen BA-Stufen, in der Testform enthalten. Dadurch läßt sich visuell feststellen, welcher BA-Wert für diese spezielle Papier-Druckfarbe-Kombination erforderlich bzw. ausreichend ist. Es können in einer solchen Testform aber auch Testfelder vorhanden sein, die man meßtechnisch (mit Hilfe von Dichtemeßgeräten, sogenannten Densito-

---

* Das Prinzip der Unbunt-Testform wurde vom Autor zum Patent angemeldet.

metern) auswertet und auf diese Weise feststellt, welcher BA-Wert für eine benötigte Dichte gebraucht wird.

Der Einführung des unbunten Bildaufbaus auf breiter Basis in der Druckindustrie stehen natürlich eine Reihe von Faktoren gegenüber, die zu Verzögerungen führen:

1. Man muß Verständnis dafür haben, daß in jedem Betrieb der Druckindustrie ein relativ großes Beharrungsvermögen vorhanden ist. Denn natürlich ist man im allgemeinen froh, wenn eine eingespielte Verfahrenstechnik zu befriedigenden Ergebnissen führt. Jeder Eingriff bedeutet Unsicherheit und Risiko. Eine so einschneidende Veränderung der Verfahrenstechnik ist mit prinzipiellen Umstellungen verbunden. Es liegen für die Beurteilung der Reproduktionen, das Abstimmen der Druckbogen und den Umgang mit dem Unbunt-Schwarz noch nicht überall ausreichende Erfahrungswerte vor.
2. Zur Herstellung der Reproduktionen benötigt man in den Reprounternehmen sichere Verfahrenswege. Für unbunt aufgebaute Farbauszüge scheidet die Reprofotografie sicherlich vollständig aus. Also müssen dazu elektronische Farbauszugsgeräte, sogenannte Farbscanner, eingesetzt werden. Es gibt aber heute nur ganz wenige moderne Scanner-Typen, mit denen man unbunt aufgebaute Reproduktionen in der gewünschten Weise und in der benötigten Verfahrenssicherheit herstellen kann.
3. Man muß ebenfalls Verständnis dafür haben, daß jene Reprofirmen und Druckereien mit Reproabteilungen, die nicht über die entsprechende moderne Geräteausstattung verfügen, aus wirtschaftlichem Interesse versuchen werden, die Entwicklung zum Unbuntaufbau hin zu verzögern. Denn die millionenteuren elektronischen Farbauszugsgeräte müssen ja erst einmal abgeschrieben sein, bevor man daran denken kann, sich bessere neue zu kaufen.
4. Für die Hersteller von Farbscannern und elektronischen Bildverarbeitungsgeräten entstehen riesige Organisationsprobleme, wenn weltweit neue Geräte auf den Markt kommen, die mit anderer Verfahrenstechnik arbeiten. Denn das bedeutet neben einer völlig neuen Entwicklung der entsprechenden Hardware

und Software zusätzlichen Aufwand für die Information und Schulung der gesamten Außendienst- und Service-Organisation.

5. Die Druckfarbenfabriken können über diese Entwicklung nicht begeistert sein, denn wenn weniger Druckfarbe gebraucht wird, gibt es Umsatzverluste.
6. Die Papierfabriken können nicht begeistert sein, denn auch Makulatur ist Umsatz, und weniger Makulatur bedeutet weniger Umsatz.
7. Und, genaugenommen, kann auch bei den Druckmaschinenherstellern kein besonderes Interesse zur Unterstützung dieser Verfahrenstechnik liegen, denn je problemloser der Druckprozeß wird, desto weniger ist es nötig, komplizierte zusätzliche Steuerungsaggregate anzuschaffen.

Bei Fachgesprächen kommt es immer wieder vor, daß man einen Gesprächspartner findet, der sich darüber wundert, daß die Methode des unbunten Bildaufbaus im Mehrfarbendruck selbst in den USA und in Japan noch weitgehend unbekannt ist und daß dort darüber kaum diskutiert wird. Das sollte eigentlich nicht allzu sehr verwundern, denn die Konzeption für den Unbuntaufbau ist in Deutschland entwickelt worden, und es braucht sicherlich seine Zeit, bis sich die Möglichkeiten und Vorteile herumgesprochen haben.*

Auf breiter Basis durchsetzen kann sich die Methode des unbunten Bildaufbaus erst dann, wenn von der Lieferindustrie, speziell von den Scanner-Herstellern, absolut sichere Verfahrenswege angeboten werden. Die ersten vielversprechenden neuen Scanner-Typen, die in der Lage sind, den Unbuntaufbau zu realisieren, sind bereits auf dem Markt.

---

* Die Konzeption zur Realisierung des Unbuntaufbaus wurde erstmalig präsentiert in dem Buch des Autors »Die Logik der Farbe« (s. Bibliografie). Inzwischen hat sich herausgestellt, daß sich mit diesem Thema bereits 1939 Bonzanigo, 1952 Neugebauer und 1954 Tobias beschäftigt haben (s. bibliografische Hinweise).

Schließlich interessiert immer wieder die Frage, ob es möglich ist, konventionell hergestellte Lithosätze ohne weiteres in der gleichen Druckform zusammen mit unbunt aufgebauten zu drucken. Das ist dann möglich, wenn die neuen, also die unbunt aufgebauten Farbsätze mit exakt der gleichen Farbskala hergestellt werden, mit denen die alten, also die konventionellen Lithosätze gefertigt wurden. Da heute vierfarbige Lithosätze fast ausnahmslos mit der sogenannten »Europa-Skala« (DIN 16 539) gedruckt werden, gibt es keine grundsätzlichen Probleme. Natürlich muß darauf geachtet werden, daß bei den neu hergestellten Unbunt-Farbsätzen das gleiche Mehrfarben-Schwarz verwendet wird, das noch für die alten Lithosätze verwendet wurde.

Dieses Mehrfarben-Schwarz bringt aber, wie wir inzwischen wissen, die benötigte Schwärzung nicht mit. Die volle Farbschicht Schwarz allein reicht also nicht aus, um die neutrale Dichte zu bilden. Für diese Fälle, in denen die Auflage mit der konventionellen Europa-Skala gedruckt werden soll, muß Buntfarben-Addition eingesetzt werden. Erfahrungsgemäß genügt immer ein BA-Wert von 45%, um solche »gemischten« Formen zu drucken. In vielen Fällen sind geringere BA-Werte ausreichend, etwa solche von 25% oder 30%.

Wird mit einem BA-Wert von 45% reproduziert, dann steigt natürlich die Summe der Flächendeckung für die neutrale Bildtiefe in diesem Unbunt-Farbsatz auf 235% (3 × 45% = 135% + 100% S = 235%). Aber sie ist damit immer noch wesentlich niedriger als die Summe der Flächendeckung in konventionell hergestellten Farbsätzen (mit etwa 370%) oder in Farbsätzen mit UCR (mit etwa 300%). Darüber hinaus hat man trotz BA alle Vorteile des Unbuntaufbaus, und man kann sicher sein, daß diese neuen Farbsätze in der gemischten Form völlig problemlos laufen. Sie werden auf einem Druckbogen die ersten sein, mit denen der Drucker »in Farbe kommt«.

Druck mit fünf bis sieben Farben

Keineswegs hören die Konsequenzen, die sich für die Drucktechnik aus der Farbenlehre ergeben, beim Vier-Farben-Druck mit Unbuntaufbau auf. Es lohnt sich weiterzudenken. Der Vier-Farben-Druck, speziell bei Verwendung der üblichen Europa-Skala, hat prinzipielle Mängel. Wie schon gesagt, ist es ihm nicht möglich, in den Farbbereichen Violettblau, Grün und Orangerot leuchtende, reine bunte Farbnuancen wiederzugeben.

Die Fehlabsorptionen und Fehlremissionen, von denen schon die Rede war, sind daran schuld. Die realen Transmissionen solcher Farbschichten zeigt Abb. 19. Die idealen Optimalfarben sind in Abb. 20 zu sehen. Aber auch diese Optimalfarben würden nicht dazu führen, das Sehorgan zu veranlassen, die intensivsten und reinsten Farbempfindungen V, G und O hervorzubringen, denn sie könnten nicht so intensiv sein, daß sie in der Lage wären, das gesamte Empfindungspotential der Urfarben zu mobilisieren.

Was liegt daher näher, sich ein Druckverfahren vorzustellen, bei dem die Grundfarben V, G und O als leuchtend reine Druckfarben eingesetzt werden?

Es gibt durchaus eine Fülle von Aufgaben, die heutzutage entweder von einer Druckerei gar nicht übernommen werden können oder nicht in ausreichender Qualität zu bewältigen sind. Einige Beispiele:

1. Die Nolde-Stiftung will großformatige Faksimile-Kunstblätter von Nolde-Aquarellen herausbringen. Das Schwergewicht der Farben liegt bei klaren dunkelblauen, bei reinen giftigen grünen und bei leuchtenden orangeroten Farbnuancen.
2. Ein Teppichhersteller möchte seinen Händlern Ringbücher zur Verfügung stellen, in denen Drucke zu finden sind, die sämtliche Teppiche in den tatsächlichen Farben zeigen. Denn kein

Händler kann sämtliche Teppiche, schon gar nicht sämtliche Farbstellungen aller Teppiche, auf Lager nehmen. Es handelt sich um moderne Teppiche mit reinen Farben in den genannten kritischen Farbbereichen.

3. Eine Künstlerfarbenfabrik will die Palette des Angebots an Künstlermalfarben in einem Prospekt zeigen. Das geht von Ultramarin über Chromoxidgrün bis Feuerrot.
4. Stoffe von Sommerkleidern mit diesen kritischen Farben sollen in Prospekten farbgenau wiedergegeben werden.
5. Eine keramische Fabrik will in Buntprospekten die Palette von speziellen Fliesen zeigen, die in zarten Pastelltönen gehalten sind. Alle Töne liegen zwischen Hellgrau, Graugrün, Graublau, Hellbraun und Beige. Durch die unvermeidlichen Farbführungsschwankungen beim konventionellen Buntaufbau sind die Farbunterschiede der gleichen Fliese von Prospekt zu Prospekt größer als es die Farbunterschiede zwischen den verschiedenen Produkten tatsächlich sind. So kann es vorkommen, daß das eine Produkt die Farbe annimmt, die das andere eigentlich haben sollte.

Für alle diese Beispiele ist die Technik des Mehrfarbendrucks, wie sie uns heute zur Verfügung steht, ungeeignet. Denn einerseits können die reinen bunten Farben im Bereich Violettblau, Grün und Orangerot nicht wiedergegeben werden, andererseits muß man relativ große Toleranzen beim Auflagendruck akzeptieren.

Die heute offiziell zugelassenen Toleranzen bei der Farbführung betragen für jede Einzeldruckfarbe ± 8%. Allerdings führt das zu so großen Farbunterschieden in der Auflage, daß kaum ein Kunde diese Schwankungen akzeptieren würde. Rechnet man damit, daß eine Toleranz von ± 5% bei guter Druckleistung beim heutigen Stand der Technik unvermeidlich ist, ergibt sich daraus eine Toleranzbreite zwischen der oberen Toleranzgrenze und der unteren von 10%. In der einzelnen Teildruckfarbe können also zehn Tonstufen sicher angesteuert werden.

Beim konventionellen Vier-Farben-Druck mit Buntaufbau entstehen sämtliche Farbnuancen, wie wir wissen, prinzipiell aus den Druckfarben Y, M und C. In jeder Einzeldruckfarbe können zehn

	Grundfarben	Urfarben		
		V	G	O
	W	○	○	○
Sieben-Farben-Druck	Y	—	○	○
Sieben-Farben-Druck	M	○	—	○
Sieben-Farben-Druck	C	○	○	—
Sieben-Farben-Druck	V	○	—	—
Sieben-Farben-Druck	G	—	○	—
Sieben-Farben-Druck	O	—	—	○
Sieben-Farben-Druck	S	—	—	—

32 Die sieben Druckfarben des Sieben-Farben-Drucks.

Y	M	M	C	C	Y
O	O	V	V	G	G
S	S	S	S	S	S

33 Beim Sieben-Farben-Druck wird jede Bildstelle aus einer dieser sechs Gruppen gebildet.

Tonstufen sicher erreicht werden. Das macht bei diesen drei Druckfarben eine Anzahl von $10^3 = 1000$ Farbnuancen, die man sicher im Prozeß treffen kann. Ein farbentüchtiger Normalbeobachter kann aber mehr als 1 Million Farbnuancen unterscheiden.

Beim Unbuntaufbau vergrößert sich die Anzahl der sicher erreichbaren Farbnuancen erheblich. Bei gleicher Toleranzbreite (± 5%) haben wir es nun mit vier Druckfarben zu tun, die in die »Verantwortung« kommen. Für jede der drei Gruppen von Abb. 31 ergeben sich jetzt $10^3 = 1000$ Farbnuancen, woraus sich eine Summe von 3000 sicher ansteuerbaren Farbnuancen für den Unbuntaufbau ergibt. Damit ist beim Unbuntaufbau die Sicherheit der Farbwiedergabe dreimal größer als beim Buntaufbau.

Wenn wir nun aber einen Prozeß des Mehrfarbendrucks mit den sieben Druckfarben betreiben, die in der Tabelle Abb. 32 gekennzeichnet sind, steigert sich die Sicherheit der Farbwiedergabe nochmals erheblich.

Beim Sieben-Farben-Druck entstehen die Unbuntwerte nach wie vor im Unbuntaufbau, also durch Teilmengen der Grundfarben Schwarz und Weiß. Die Buntwerte werden nun aber aus jeweils zwei benachbarten bunten Grundfarben gebildet, wie die Tabelle von Abb. 33 zeigt. Auch hier können an jeder Bildstelle nur drei Teilmengen von Druckfarben zusammenkommen, nämlich Schwarz und zwei bunte Druckfarben. Aber es kann jetzt nur Y mit

O oder O mit M oder M mit V oder V mit C oder C mit G oder G mit Y zusammenkommen.

Bei gleicher Farbführungstoleranz von ± 5% für jede Einzeldruckfarbe ergäbe sich jetzt die Rechnung $10^3 = 1000 \times 6 = 6000$. Denn aus den drei Gruppen von Druckfarben in Abb. 31 beim Vier-Farben-Druck mit Unbuntaufbau sind beim Sieben-Farben-Druck die sechs Gruppen der Abb. 33 geworden. Die Sicherheit der Farbwiedergabe, die beim Vier-Farben-Druck mit Buntaufbau bei 1000 Farbnuancen und beim Vier-Farben-Druck mit Unbuntaufbau bei 3000 Farbnuancen lag, erhöht sich jetzt also auf 6000 Farbnuancen.

Bei diesem Sieben-Farben-Druck hätte man aber nicht nur den Vorteil der wesentlich exakteren Farbwiedergabe, also geringerer Farbunterschiede in der Auflage. Man hätte darüber hinaus eine perfekte Farbwiedergabe in den Bereichen V, G und O. Hier könnte man die schönsten, reinsten und leuchtendsten Farbnuancen reproduzieren.

Auch in bezug auf Farbannahme und Trocknung ergäben sich weitere wesentliche Vorteile, denn für die Farben V, G und O ist jetzt nur noch eine einzige Farbschicht nötig, während vorher zwei Farbschichten übereinanderliegen mußten. Beim Vier-Farben-Druck mußten zum Beispiel die Farbschichten M und C voll übereinanderliegen, um ein schlechtes, ein unbefriedigendes V entstehen zu lassen. Jetzt haben wir mit der einen einzigen Farbschicht V eine klare reine und leuchtende Farbe. Die Flächendeckungssumme von 200% für diese Farben im Vier-Farben-Druck reduziert sich im Sieben-Farben-Druck auf eine Flächendeckungssumme von 100%.

Es ist logisch, daß die geringere auf das Papier aufgetragene Farbmenge zu wesentlich geringeren Farbannahme- und Trocknungsproblemen führt.

Wir sehen also, daß sich aus der Farbenlehre die Perspektive eröffnet, ein »Super-Druckverfahren« für spezielle Aufgaben zu entwickeln, mit dem Druckaufträge ausgeführt werden können, die bisher nicht lösbar waren. Beim Sieben-Farben-Druck haben wir es mit optimaler Farbwiedergabe in den kritischen Farbbereichen V, G und O zu tun, mit einer »zementierten« Graubalance und mit einem Druckprozeß, der eine Stabilität besitzt, von der ein Drucker heute eigentlich nur träumen kann.

Ohne Zweifel wird dieser Sieben-Farben-Druck umgehend eingesetzt werden zur Herstellung besonderer Drucksachen, sobald die Lieferindustrie Verfahrenstechniken der Reproduktion anbieten kann, die sicher funktionieren. Druckaufträge wie die in den eben beschriebenen fünf Beispielen könnten dann problemlos gelöst werden.

Natürlich wäre es absurd, wenn man normale Reproduktionen von Buntdias im Sieben-Farben-Druck herstellen wollte, denn das Buntdia stellt ja seinerseits bereits eine Reduzierung des Farbenraums auf die Mischmöglichkeiten der drei bunten Farbschichten Y, M und C dar. Deshalb kann der Farbinhalt eines Buntdias mit ausreichender Genauigkeit im Vier-Farben-Druck reproduziert werden.

Der Sieben-Farben-Druck führt nicht nur zu einer besseren Farbwiedergabe und zu engen Toleranzen im Auflagendruck, er ist naturgemäß auch teurer, da jetzt sieben Farbauszüge hergestellt und sieben Druckplatten kopiert werden müssen, und der Bogen muß durch sieben Farbwerke laufen. (Das ist im Prinzip kein Problem, denn man kann den Druckbogen ja zweimal durch die Vier-Farben-Maschine schicken.)

Bei Bildmotiven mit nur einem oder zwei kritischen Farbbereichen ist es selbstverständlich nicht nötig, alle sieben Farben einzusetzen. Ist in einer Bildvorlage entweder ein reines Violett oder ein reines Grün oder ein reines Orangerot vorhanden, das so wiedergegeben werden soll, dann genügt es, zu den vier Farbauszügen für Vier-Farben-Druck mit Unbuntaufbau einen Farbauszug für den kritischen Farbbereich dazuzubekommen. Sind es zwei kritische Farbbereiche, die wiedergegeben werden sollen, dann genügt es, zwei Farbauszüge dazuzubekommen.

Für die Reproduktion wird demzufolge eine Verfahrenstechnik verlangt, bei der für die Druckfarben V, G und O nach Bedarf zusätzliche Farbauszüge hergestellt werden. Wird nur eine zusätzliche bunte Druckfarbe eingesetzt, dann ergibt sich daraus ein Fünf-Farben-Druck. Werden zwei zusätzliche bunte Druckfarben eingesetzt, dann haben wir es mit einem Sechs-Farben-Druck zu tun. Nur wenn alle drei zusätzlichen bunten Druckfarben nötig sind, wird ein Sieben-Farben-Druck daraus.

Mit der Winkelung der Raster gibt es prinzipiell keine Probleme. (Beim Rasterdruck sind die Raster gegeneinander in bestimmter Weise verdreht, um Musterbildung, sogenanntes »Moiré«, zu vermeiden.) Die bunten Farben kommen sich gegenseitig nicht »in die Quere«. Das ergibt sich aus der Tabelle Abb. 33.

An einer Bildstelle kann entweder Y oder M oder C vorhanden sein. Gleichzeitig kann entweder O oder V oder G dazukommen. Zusätzlich kann nur S noch dabei sein. Also kann man die Farben Y, M und C auf die gleiche Rasterdrehung bringen (zum Beispiel –15°). Die Farben O, V und G können auf einer anderen gleichen Rasterdrehung liegen (zum Beispiel 105°). Das Schwarz, das ja zur wichtigsten Farbe geworden ist, kann allein eine Rasterdrehung haben (zum Beispiel 45°). Daraus könnte man eine saubere Verfahrenstechnik machen, die sogar besser funktioniert als der Vier-Farben-Druck, denn es gäbe keine Probleme mit dem »Gelb-Moiré«, wie sie bei unserer heutigen Rastertechnik unvermeidlich sind, weil die Rasterwinkelung von Y jetzt nur einen Abstand von 15° zu den benachbarten Druckfarben hat.

Interessanterweise kann der Sieben-Farben-Druck alternativ mit lasierenden oder mit deckenden Druckfarben durchgeführt werden. Wenn lasierende Druckfarben eingesetzt werden, spielt die Farbreihenfolge keine Rolle. Wenn deckende Druckfarben eingesetzt werden, müssen die Farben Y, M und C zuerst gedruckt werden, gefolgt von V, G und O. Die Druckfarbe S muß zuletzt daraufkommen. Denn bei der Verwendung von deckenden Druckfarben hätten wir es nicht mehr mit den Mischgesetzen SubMi und OpMi zu tun, sondern nunmehr mit den Mischgesetzen IntMi und OpMi.

Die Realisierung einer sicheren Verfahrenstechnik für den Sieben-Farben-Druck ist eigentlich eine Fleißarbeit. Es ist anzunehmen, daß die Hersteller von Farbscannern und elektronischen Bildverarbeitungsgeräten bald praktikable Lösungen anbieten werden.

Die Buntbilder 22–25 zeigen Gegenüberstellungen zwischen Vier-Farben-Druck mit Unbuntaufbau und Sieben-Farben-Druck mit Unbuntaufbau.

In Buntbild 23 sieht man die drei kritischen Grundfarben V, G und O, wie sie im Vier-Farben-Druck dadurch zustande kommen, daß je zwei volle Farbschichten übereinanderliegen. Die Grundfarbe V entsteht, wie wir wissen, dadurch, daß die Farbschichten M und C voll zusammenwirken, bei der Grundfarbe G sind es die Farbschichten Y und C, bei der Grundfarbe O die Farbschichten Y und M, die übereinanderliegen. Im Vergleich dazu zeigt uns Buntbild 25, wie leuchtend und rein diese Grundfarben im Sieben-Farben-Druck gedruckt werden können, wenn sie als Druckfarben zur Verfügung stehen.

In Buntbild 22 ist der Ausschnitt einer Musterkarte zu sehen, in der eine Künstlerfarbenfabrik die Palette ihrer Tubenmalfarben präsentiert, hier reproduziert im Vier-Farben-Druck mit Unbuntaufbau.

Buntbild 25 ist eine Reproduktion nach der gleichen Vorlage, jedoch im Sieben-Farben-Druck hergestellt. Man erkennt, wie im Sieben-Farben-Druck Farbnuancen wiedergegeben werden können, die im Vier-Farben-Druck nicht reproduzierbar sind. Das sind nicht nur die dunklen Farbnuancen in den Farbbereichen Violettblau, Grün und Orangerot, sondern vor allem auch die zarten hellen Farben in diesen Bereichen.

Norm-Farbskalen und Standardisierung der Druckbedingungen

Merkwürdigerweise ist bis heute die Grundlagenforschung noch nicht geleistet worden, die uns exakt sagt, wie die sechs bunten Grundfarben eigentlich präzise auszusehen haben. Wie bereits erwähnt, haben sich die Prozesse, bei denen Grundfarben zur Mischung eingesetzt werden, empirisch entwickelt, also durch Versuch und Irrtum. Das trifft insbesondere für den Mehrfarbendruck zu.

Jene vier Druckfarben, die man für den Andruck und für den Auflagendruck einsetzt, nennt man »Farbskala«. Es leuchtet ein, daß Andruck und Auflagendruck mit der gleichen Farbskala hergestellt werden müssen, weil anders eine visuelle Übereinstimmung nicht erzielt werden kann. Die eingesetzten Druckfarben Y, M, C und S dürfen sich, wenn sie mit normaler Vollfläche auf das Papier aufgetragen sind, im Aussehen nicht unterscheiden, denn würden sich die Skalenfarben des Andrucks von denen des Auflagendrucks visuell unterscheiden, wäre es absolut ausgeschlossen, im Auflagendruck das Ergebnis des Andrucks zu erzielen.

Es leuchtet aber auch ein, daß nicht jeder Reprobetrieb und jede Druckerei mit einer anderen Farbskala arbeiten kann. Denn das würde bedeuten, daß zum Beispiel der Drucker in einer Vier-Farben-Maschine in allen vier Farbwerken die Farbe wechseln müßte, wenn eine Auflage zu Ende gedruckt ist und eine andere Auflage mit einer anderen Farbskala laufen soll.

Es würde aber auch bedeuten, daß es nicht möglich ist, aus vorhandenen Lithosätzen Sammelformen herzustellen. Denn wären die einzelnen Lithosätze mit verschiedenen Farbskalen angedruckt worden, würden sie in der Sammelform entsprechend anders aussehen als im Andruck. Ein Beispiel: Ein Teppichhändler will einen Verkaufsprospekt herstellen, in dem er Lithosätze verwendet, die ihm von verschiedenen Teppichherstellern zur Verfügung gestellt werden. Der Auflagendruck kann nur dann ohne Farbveränderungen erfolgen, wenn sämtliche Teppichhersteller Lithosätze liefern, die mit der gleichen Farbskala angedruckt wurden. Oder ein anderes Beispiel: Eine Fachzeitschrift wird vier-farbig im Offsetdruck hergestellt. Die Buntanzeigen werden von den verschiedenen Werbeagenturen geliefert. Farbgenaue Wiedergabe im Auflagendruck ist dabei nur dann möglich, wenn sämtliche gelieferten Lithosätze mit der gleichen Farbskala angedruckt wurden, denn sie müssen ja in der Auflage auf dem gleichen Druckbogen stehen.

Eine solche standardisierte Farbskala hat für den Anzeigenkunden darüber hinaus den Vorteil, daß er diesen Lithosatz für die gleiche Farbanzeige auch in einer anderen Fachzeitschrift verwenden kann.

Aus diesen Beispielen geht deutlich hervor, daß eine Normierung der »Normal-Farbskala« für den Mehrfarbendruck unerläßlich war. Heutzutage wird im Offsetdruck als »Normal-Farbskala« die genormte Farbskala DIN 16 539* fast ausschließlich eingesetzt. Sie wird auch als »Europa-Skala« bezeichnet, denn sie ist in eine europäische Norm eingegangen. Dadurch ist es möglich geworden, international ohne Schwierigkeiten Druckaufträge auszutauschen, Druckfarben zu verkaufen etc.

Es gibt aber für den Offsetdruck noch eine zweite genormte Farbskala: DIN 16 509. Sie wird auch als »Kalte Reihe« bezeichnet, weil die bunten Druckfarben »kälter« aussehen als die der Europa-Skala: C und Y sind etwas grünlicher, M geht etwas mehr ins Violett. Diese Norm ist die Vorläuferin der Europa-Skala. Sie wird gelegentlich für spezielle Aufgaben noch heute eingesetzt. Das geschieht meistens dann, wenn es darauf ankommt, in einer getrennt laufenden Drucksache in den Farbbereichen Violettblau und Grün etwas reinere und leuchtendere Mischfarben zu erzielen. Die Europa-Skala bringt demgegenüber bessere Mischfarben im Orangerot-Bereich, der speziell für die Wiedergabe der Hauttöne besondere Bedeutung hat.

---

* Diese Normen sind in DIN-Blättern veröffentlicht, die durch den Beuth-Vertrieb, Berlin, bezogen werden können.

Leider ist es aber so, daß die Verwendung der gleichen Farbskala allein noch nicht zu einem Auflagenergebnis führt, das dem Andruck voll entspricht, da der Prozeß des Mehrfarbendrucks vielen Einflüssen unterliegt, von denen hier nur einige beispielhaft genannt werden sollen:

Die Farbe des Bedruckstoffs,
das Reflexionsvermögen des Bedruckstoffs,
die Saugfähigkeit des Bedruckstoffs,
die Farbskala,
die Konsistenz der Druckfarben,
die Raumtemperatur in der Druckerei,
die Luftfeuchtigkeit,
die Körnigkeit der Druckplatte,
die Beschaffenheit der Kopierschicht,
die Belichtungszeit beim Kopieren,
der Kalkgehalt im Wischwasser,
der Wischwasserzusatz,
die Elastizität des Gummidrucktuchs,
die Härte der Gummituchoberfläche,
die Erwärmung des Farbwerkes,
die Druckgeschwindigkeit,
etc.

Diese Liste ließe sich mühelos bis auf über 100 Einflußfaktoren fortsetzen. Als Anekdote wird erzählt, ein Mathematiker habe mit Hilfe der Wahrscheinlichkeitsrechnung festgestellt, mit den heutigen technischen Gegebenheiten sei die Chance, im mehrfarbigen Offsetdruck zu einem sicheren Auflagenergebnis zu kommen, gleich Null.

Die Druckindustrie kann eigentlich nur dann reibungslos arbeiten, wenn die Reproduktionen in den verschiedenen Reprounternehmen nach gleichen Bedingungen hergestellt werden. Und darüber hinaus müßte es so sein, daß ein Lithosatz, der in verschiedenen Druckereien mit der gleichen Farbskala auf das gleiche Papier gedruckt wird, immer zum gleichen visuellen Druckergebnis führt.

Aus diesem Grunde sind vom Bundesverband Druck e. V. in enger Zusammenarbeit mit der FOGRA Standardisierungsrichtlinien erarbeitet und festgeschrieben worden, die allgemeinverbindlichen Charakter bekommen haben.*

Wenn sich alle am Prozeß Beteiligten an diese Richtlinien halten, werden hochwertige und sichere Auflagenergebnisse erreicht, Auflagenergebnisse, die optimal dem Andruck entsprechen. Hier seien die wichtigsten Punkte der Standardisierung kurz angesprochen:

1. **Kopierfilme:** Die Art des Rasterpunktaufbaus in Kopierfilmen kann unterschiedlich sein. Es gibt Filme, die unscharfe, »schwammige« Rasterpunkte haben. Das kann insbesondere dann der Fall sein, wenn sie mit Kontaktrastern hergestellt wurden. Die Rasterpunkte haben dabei einen schwarzen Kern und verlaufen über Graustufen bis zu den transparenten Filmstellen. Das führt dazu, daß sich die Größe der Rasterpunkte beim Übertragungsprozeß auf die Druckplatte unkontrollierbar verändern kann, denn in Abhängigkeit von der Intensität des Beleuchtungslichtes wird der Punkt um so kleiner, je länger belichtet worden ist. Bei längerer Belichtung durchdringt das Licht die Grauzonen und belichtet die darunterliegende lichtempfindliche Kopierschicht der Druckplatte. Kopierfilme dieser Art sind für einen stabilen Übertragungsprozeß ungeeignet. In der Anleitung zur Standardisierung ist deshalb vorgeschrieben, Kopierfilme mit »harten« Rasterpunkten zu verwenden, wie man sie bekommt, wenn man Arbeitsfilme, die mit Kontaktrastern hergestellt wurden, umkopiert, oder wie sie in Laser-Raster-Scannern entstehen. In Abb. 34 ist zum Vergleich ein »weicher« und ein »harter« Rasterpunkt abgebildet. Nur solche harten Rasterpunkte geben die geeignete Voraussetzung für einen standardisierten Druckprozeß, weil Toleranzen bei der Plattenbelichtung nicht zur Veränderung der Punktgrößen führen.

---

* Anleitung zur Standardisierung im Offsetdruckverfahren. Herausgegeben vom Bundesverband Druck e. V., Abt. Technik + Forschung in Zusammenarbeit mit der Deutschen Forschungsgesellschaft für Druck- und Reproduktionstechnik e. V. (FOGRA).

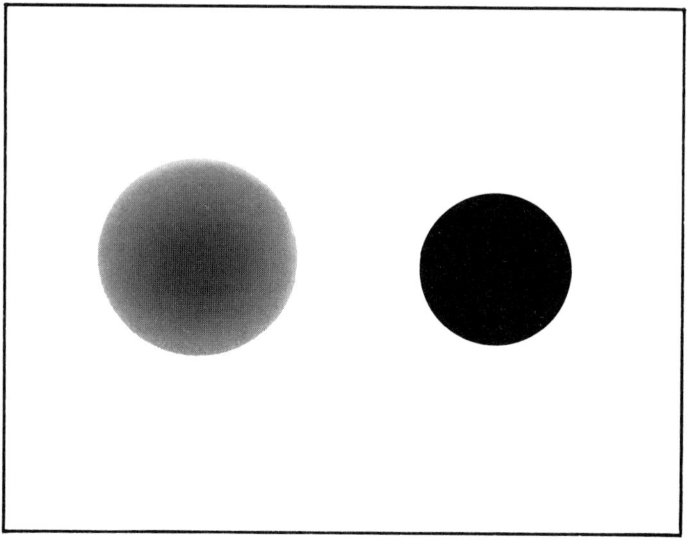

34 Links ein »weicher«, rechts ein »harter« Rasterpunkt.

2. **Druckkontrolleiste:** Im Andruck ist unter allen Umständen, im Auflagendruck nach Möglichkeit eine Druckkontrolleiste mitzudrucken. Dabei handelt es sich um einen aus verschiedensten Kontrollfeldern zusammengesetzten Kontrollstreifen, der über die gesamte Bogenbreite lückenlos angebracht werden sollte. Es gibt die verschiedensten Kontrollstreifen, unter anderem auch solche, die für bestimmte Druckmaschinen-Fabrikate eingesetzt werden und die maschinenlesbar sind, deren Werte automatisch aufgenommen werden können.

In Buntbild 26 ist die FOGRA-PMS-Kontrolleiste (PMS = Präzisionsmeßstreifen) abgebildet. Andere Druckkontrolleisten haben gleiche oder ähnliche Elemente bzw. Elemente mit gleichen Funktionen. Außerdem ist in Buntbild 26 der UGRA-Offset-Testkeil 1982 abgebildet, der zum Eintesten der Kopie und zur lückenlosen Erfassung der Druckkennlinie empfohlen wird, wenn es darum geht, in einer Druckerei die Standardisierung einzuführen.

Da sämtliche Druckkontrollstreifen in analoger Weise funktionieren, wollen wir uns ausführlich nur mit der FOGRA-PMS-Leiste befassen. Vorab wird hier eine Übersicht über die Funktion der verschiedenen Felder gegeben, die in der PMS-Leiste von Buntbild 26 zu sehen sind:

Mit dem K-Feld in Abb. 35 wird die Plattenkopie kontrolliert.

Das S-Feld in Abb. 36 zeigt die Rasterpunkte in den »Spitzlichtern«, also in den hellsten Tonwerten. Man kann damit feststellen, welche feinsten Punkte noch übertragen worden sind und welche wegbelichtet wurden.

Das D-Feld in Abb. 37 zeigt an, ob der Druck in Ordnung ist, ob sich das Papier auf dem Druckzylinder bewegte (sogenanntes »Schieben«) oder ob es zu einem mehrfachen Abdruck desselben Rasterpunktes kam (sogenanntes »Dublieren«).

Die mit Y (= Yellow), M, C und B (= Black) bezeichneten Felder sind für die Messung der vollen Farbfläche vorgesehen.

Jene Felder, die mit »40%« und mit »80%« gekennzeichnet sind (Abb. 38), haben im Kopierfilm diese exakten geometrischen Flächendeckungen. Sie dienen zur Ermittlung der »Tonwertzunahme«,

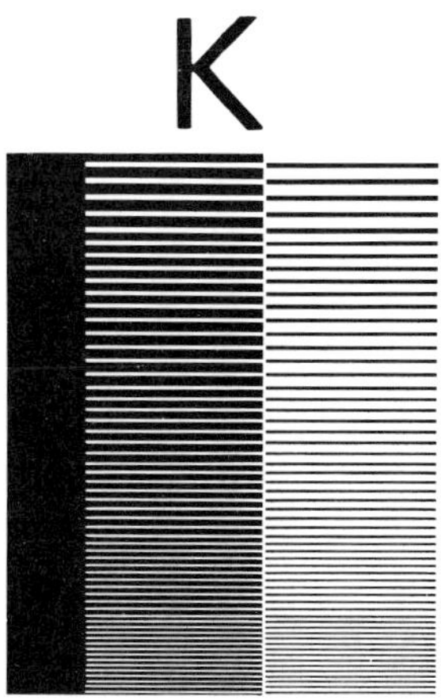

35 Das K-Feld der Druckkontrolleiste PMS zur Kontrolle der Plattenkopie.

36 Das S-Feld zur Kontrolle der »Spitzlichter«.

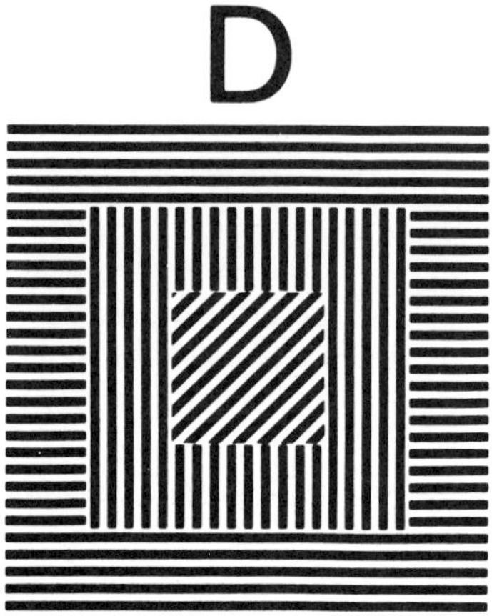

37 Das D-Feld zur Kontrolle von Schieben und Dublieren.

der prozeßbedingten Zunahme der Rasterpunktwerte, die dadurch zustande kommt, daß die Rasterpunkte im Übertragungsprozeß größer werden.

Schließlich ist da noch das »Balance-Feld« der Abb. 39, mit dem man prüfen kann, ob die sogenannte Graubalance, also die Farbbalance der bunten Druckfarben, untereinander stimmt, ob sich visuell

38 Kontrollfelder für die Tonwertzunahme.

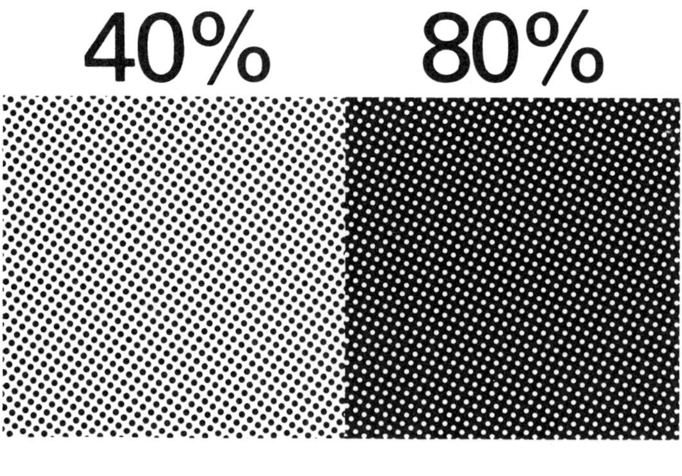

aus Teilmengen der drei bunten Druckfarben im Zusammendruck das vorgesehene Grau ergibt.

Diese Kontrolleisten sind Präzisions-»Meßgeräte«. Sie sind deshalb natürlich relativ teuer. Hier und da kommt es vor, daß »pfiffige« Reprotechniker meinen, das Geld für solche Original-Meßstreifen sparen zu können, indem sie diese Kontrollstreifen durch Umkopieren selber herstellen. Hier gilt es aufzupassen, denn solche umkopierten Kontrollstreifen sind absolut wertlos, sie haben überhaupt keine Aussagekraft. Der »drucktechnische Laie« hat aber kaum die Möglichkeit, diesen Schwindel zu erkennen, weil die umkopierte Kontrolleiste auf dem Andruckbogen auf den ersten Blick von einer Original-Kontrolleiste nicht zu unterscheiden ist.

Auch ist es sinnlos, »hausgemachte«, selbst komponierte Kontrollstreifen zu verwenden, da der Auflagendrucker sie nicht auszuwerten vermag, weil er sich nicht darauf verlassen kann, daß die angegebenen Rasterwerte tatsächlich im Kontrollelement vorhanden sind.

3. **Kopien:** Der erste wichtige Schritt bei der Standardisierung ist die Kontrolle der Plattenkopie. Die Rasterwerte der Druckvorlage (also des Lithofilms) müssen nämlich für den Andruck

39 Kontrollfeld für die Graubalance.

und für den Fortdruck in übereinstimmender Weise auf die Druckplatte übertragen werden. Anders kann ein gleiches Druckergebnis und damit ein gleiches Aussehen des gedruckten Bildes nicht erzielt werden. Denn je länger die Belichtungszeit ist, desto kleiner werden bei der Positivkopie die Rasterpunkte. Veränderung der Rasterpunkte bedeutet Tonwertverschiebung. Tonwertverschiebung bedeutet Veränderung der Farbnuancen im Bild.

In manchen Firmen wird mit einer sogenannten »Streufolie« kopiert. Das ist ein lichtdurchlässiges mattes Material, welches das gerichtete Licht der Kopierlampe in alle Richtungen streut. Diese Manipulation hat den Zweck, Schnittkanten und Staub »wegzubelichten«. Schnittkanten entstehen bei Positivkopien dann, wenn verschiedene Kopierfilme auf einer Montage für einen Bogen zusammenkommen. Da durch die Kanten beim Belichtungsvorgang das Licht gebrochen (abgelenkt) wird, bilden diese sich bei knapper Belichtung auf der Platte ab. Sie müßten manuell entfernt werden, was Zeitaufwand und zusätzliche Kosten bedeutet. Um diesen Aufwand zu vermeiden, wird in verschiedenen Druckereien gerne solange belichtet, bis die Schnittkanten und der Staub wegbelichtet sind, denn die winzigsten Staubkörnchen würden sich sonst im Druck als Pünktchen, als sogenannte »Popel«, abbilden.

In der Standardisierung wird aus diesem Grund vorgeschrieben, über das Mindestmaß hinaus »heller« zu kopieren. Das kontrolliert man mit den Mikrolinien des K-Feldes in Abb. 35.

Bei positiv arbeitender Kopierschicht wird die Druckplatte so hergestellt, daß die folgenden Mikrolinien des K-Feldes als feinste auf der Druckplatte noch stehen:

Auflösung der Platte bis 5μ: Stufe 10 oder 12,
Auflösung der Platte 5–8μ: Stufe 12 oder 15,
Auflösung der Platte 8–12μ: Stufe 15 oder 20.

Die Auflösung eines bestimmten Druckplattentyps (gemeint ist die Feinheit der Bildwiedergabe) entnimmt man den Angaben der Hersteller von Druckkontrolleisten bzw. der Anleitung zur Standardisierung BVD/FOGRA. Die Standardisierungsanleitung sagt darüber hinaus, daß für den Andruck die oben aufgezählten Mikrolinien um eine Stufe unterschritten werden dürfen, daß also im Andruck die jeweils nächst feinere Mikrolinie noch auf der Platte stehen darf.

Die letzte vorhandene Mikrolinie-Stufe gibt Auskunft darüber, wie sich durch das Kopieren der Tonwert verändert hat. Steht zum Beispiel die Stufe 12 als letzte druckende Stufe im K-Feld, dann ist der Mittelton um 4% heller geworden. Aus 40% geometrischer Flächendeckung im Kopierfilm sind 36% auf der Druckplatte geworden.

Am S-Feld in Abb. 36 läßt sich auf der Druckplatte (und später auf dem Druckbogen) nachprüfen, inwieweit dieses Spitzerkopieren die kleinsten Rasterpunkte beeinflußt hat, denn in dem Spitzlicht-Kontrollfeld S sind Rasterpunkte in der Größe zwischen 2% und 5% zu finden. Es kann also festgestellt werden, ob der 2%ige Punkt als letzter noch steht oder ob vielleicht der 3%ige der letzte druckende Punkt ist. Die Kontrolle der Spitzlichtpunkte ist deswegen von besonderer Bedeutung, weil der Verlust der kleinsten Rasterpunkte immer auch Verlust von »Lichterzeichnung« bedeutet, also Verlust von Detailauflösung in den hellsten Bildstellen.

4. **Schieben und Dublieren:** Beim Druckvorgang darf es weder ein Schieben, noch ein Dublieren geben. »Schieben« bedeutet, daß der Druckbogen sich etwas bewegt, wegrutscht, wenn er vom Gegendruckzylinder auf die Druckform gepreßt wird. Dadurch werden die Druckelemente in einer Richtung verzerrt. Sie werden größer. Runde Rasterpunkte werden praktisch in die Länge gezogen. Die Tonwerte verändern sich natürlich dadurch: Sie nehmen zu, sie werden dunkler. Durch das Schieben wird die geometrische Deckung der Papieroberfläche größer, als sie aufgrund der Kopiervorlage sein sollte. Dadurch treten Veränderungen der Tonwerte in den Einzeldruckfarben auf, was wiederum zu veränderten und falschen Farbnuancen im Zusammendruck führt. Die Bildwiedergabe stimmt dann nicht mehr.

Dublieren tritt dann auf, wenn die Druckelemente, also die Rasterpunkte etc. der vorausgedruckten Farbe, sich auf dem

Gummituch des nachfolgenden Druckwerkes aufbauen und der Druckbogen in diesem nachfolgenden Druckwerk – aus welchen Gründen auch immer – nicht exakt in die gleiche Position kommt. Die Rasterpunkte werden dabei doppelt auf das Papier übertragen. Durch die Lupe sieht man neben dem eigentlichen Druckbild eines Rasterpunktes einen zweiten, etwas helleren, der wie ein Schatten oder wie eine Spiegelung danebensteht. Dieses Verdoppeln nennt man »Dublieren«.

Durch das Kontrollelement in Abb. 37 erkennt man mit bloßem Auge sofort, ob beim Druckvorgang Schieben oder Dublieren vorgekommen ist. Denn die feinen Strichlagen, die in verschiedenen Richtungen angeordnet sind, werden in den entsprechenden Partien durch Schieben oder Dublieren dunkler. Anhand dieses Kontrollfeldes läßt sich das Ausmaß und die Richtung dieser beiden Fehler feststellen.

Es erübrigt sich zu betonen, daß standardisierte Drucke frei sein müssen von derartigen Fehlern. Insbesondere vor Bestimmung der Tonwertzunahme sollte man sich versichern, daß diese Fehler nicht vorhanden sind.

5. **Druck auf Auflagenpapier:** Druckpapiere und Bedruckstoffe jeder Art unterscheiden sich nicht nur durch die Glätte ihrer Oberfläche und durch ihre Saugfähigkeit, sondern vor allen Dingen auch durch ihre Farbe.

Wenn im Mehrfarbendruck lasierende Druckfarben eingesetzt werden – das ist bisher ausschließlich der Fall –, entstehen durch Übereinanderdruck Flächenelemente in neuen Grundfarben. Dabei ist das Gesetz der Subtraktiven Mischung wirksam. Wie wir wissen, spielt bei dieser Gesetzmäßigkeit die subtraktive Grundfarbe Weiß eine besondere Rolle. Sie wird durch die Oberfläche des Bedruckstoffs repräsentiert. Und sie hat die Aufgabe, »automatisch« die entstehenden Differenzwerte auszufüllen.

Die weiße Oberfläche von verschiedenen Papiersorten kann aber unterschiedlich aussehen. Weiß ist nicht gleich Weiß. Das erkennt man leicht, wenn man verschiedene weiße Papiere nebeneinanderlegt und sorgfältig die Farbe vergleicht. Da die freibleibenden Restflächen des Bedruckstoffes als Teilmengen der Grundfarbe Weiß in die Mischung eingehen, wirken sich Unterschiede der Papierfarbe auf das Mischergebnis aus. Mit anderen Worten: Die Papierfarbe hat Einfluß auf die Farbwiedergabe im Druckbild.

Verschiedene Papiersorten haben unterschiedliche Oberflächen-Eigenschaften. Je glatter die Oberfläche ist, desto besser ist das Reflexionsvermögen des Papiers. Gute Kunstdruckpapiere sind zweimal »gestrichen«, das heißt, daß auf den Faserfilz des Papiermaterials eine weiße, kreideartige Schicht aufgetragen worden ist, die durch »Kalandrieren« glattgebügelt wurde. Natürlich hat auch das Reflexionsvermögen der Papieroberfläche Einfluß auf das Aussehen des Druckbildes.

In der Saugfähigkeit unterscheiden sich die verschiedenen Papiersorten ebenfalls. Das hat Bedeutung für das »Wegschlagverhalten« der Druckfarbe. Der Trocknungsprozeß der auf das Papier aufgetragenen Farbschicht ist weitgehend davon abhängig, wie gut die Farbe in das Material wegschlägt. Auch dieses Wegschlagverhalten hat Einfluß auf das Druckergebnis.

Aus diesen Gründen schreibt die Standardisierung vor, daß zum Andruck grundsätzlich das gleiche Papier zu verwenden ist wie zum Auflagendruck (»Fortdruck«), sofern es auf genaueste Farbwiedergabe ankommt.

6. **Andruck nach Ausschießschema:** Die Konzeption für die Anordnung von Bildern und Texten auf dem Druckbogen, die vor der Ausführung eines Druckauftrages in der Druckerei zu machen ist, nennt man »Ausschießschema«. Ausschießen heißt demnach, die verschiedenen Elemente einer Drucksache auf dem Druckbogen so anzuordnen, daß sie nach Fertigstellung, also nach dem Falzen des Bogens, in der Drucksache in der Reihenfolge richtig plaziert sind.

   In der Druckmaschine wird die Farbschicht von den »Auftragswalzen« aus dem »Farbwerk« auf die Druckplatte übertragen. Im Offsetdruck nehmen dabei die druckenden Partien diese Farbschicht an. Die nicht druckenden Partien der Platte, die feucht gehalten werden, nehmen dagegen die Farbe nicht an, denn diese Stellen stoßen die »fettige« Farbe ab. Die übertragende Farbschicht nennt man auch »Farbfilm«.

Leider ist es aber nicht so, daß die Übertragung des Farbfilms auf die Druckplatte problemlos wäre. Vielmehr bekommen jene Partien vorn am Druckbogen, an der »Greiferkante«, also dort, wo der Bogen von den Greifern in der Maschine festgehalten wird, mehr Farbe ab als hinten auf dem Druckbogen. Mit anderen Worten: Die Farbe wird in der Druckmaschine nicht gleichmäßig auf den Druckbogen übertragen. Das hängt damit zusammen, daß das Farbwerk nicht in der Lage ist, die von der Auftragswalze an die Druckplatte abgegebene Farbschicht sofort und exakt wieder zu ergänzen.

Aus diesem Grund ist es zwingend notwendig, daß die Andrucke nach Ausschießschema hergestellt werden, wenn in der Auflage eine optimale Bildwiedergabe gefordert wird. Demnach sind die Bilder auf dem Andruckbogen genauso zu plazieren wie auf dem Bogen bzw. auf der Papierbahn in der Auflagenmaschine, wobei es besonders wichtig ist, daß auch die Abwicklungsrichtung bei Andruck und Auflagendruck gleich ist.

7. **Farbreihenfolge und Farbannahme:** Unter »Farbreihenfolge« versteht man die Reihenfolge, in der die Druckfarben nacheinander auf das Papier aufgetragen werden. Die Farbreihenfolge ist deswegen nicht gleichgültig, weil die Druckfarbe vom unbedruckten Papier »freudiger«, besser angenommen wird als von einer Papierstelle, auf der schon eine oder mehrere Farbschichten aufgedruckt sind. Denn von der noch nassen vorausgedruckten Farbe wird nur ein geringerer Teil der »angebotenen« Farbschicht abgenommen als vom unbedruckten Papier.

Man spricht hier vom Problem der »Farbannahme«. Je schneller die Druckmaschinen laufen, desto kürzer werden die Zeitintervalle zwischen den einzelnen aufgetragenen Farbschichten und desto weniger Zeit hat die vorausgedruckte Farbe zur Verfügung, um zu trocknen, bevor sie durch das nächste »Druckwerk« läuft. Und natürlich ist das Farbannahmeproblem um so größer, je nasser die vorausgedruckte Farbschicht noch ist, wenn die nächste Farbschicht aufgetragen wird.

Das Farbannahmeverhalten wird also bestimmt durch die Menge der auf dem Druckbogen übereinanderkommenden Druckfarbe und durch die Trocknungszeit, die für jeden Bogen beim Durchlaufen durch die Druckmaschine zur Verfügung steht. Es kann zum Beispiel sein, daß einer Papierstelle, auf der bereits eine volle Farbschicht aufgetragen ist, eine zweite volle Farbschicht angeboten wird. Von der noch nassen vorausgedruckten Farbschicht werden nicht die vollen 100% der angebotenen Farbmenge abgenommen, sondern beispielsweise nur 70% oder 80%. Selbstverständlich ändert sich in diesem Fall das Aussehen der zustande kommenden Mischnuance im Druckbild.

Aus diesem Grund muß der Andruck in der gleichen Farbreihenfolge ausgeführt werden wie der Auflagendruck. Deswegen schreibt die Standardisierung sowohl für Andruck, als auch für Auflagendruck folgende Druckreihenfolge vor: S, C, M, Y. Prinzipiell kommt also die Druckfarbe Schwarz zuerst auf den Bedruckstoff. Es folgen Cyanblau und Magentarot. Gelb wird als letzte Farbschicht aufgedruckt. Diese Farbreihenfolge gilt gleichermaßen für bunt und für unbunt aufgebaute Lithosätze.

Natürlich ist es im Andruck nicht möglich, die kurzen Zeitintervalle einer Auflagenmaschine zu simulieren. Wenn eine Rollenrotationsmaschine mit 20000 »Touren« in der Stunde läuft, ist das Zeitintervall zwischen zwei Druckvorgängen im gleichen Druckwerk 18/100 Sek. In diesem Druckwerk wird das Druckbild in einer einzigen Minute 332 mal auf den Bedruckstoff übertragen.

Es läßt sich deshalb leicht verstehen, daß es absolut unmöglich ist zu verlangen, daß Andrucke prinzipiell mit echten Auflagenbedingungen in Auflagenmaschinen herzustellen sind. Das wäre ökonomisch nicht mehr vertretbar, der Andruck würde unbezahlbar. Hier wird auch deutlich, daß es prinzipiell gleichgültig ist, ob Andrucke mit einer Andruckpresse oder mit einer Auflagenmaschine hergestellt werden. Wichtig ist ausschließlich, daß beim Andrucken die Druckbedingungen des Auflagendruckes so weit als möglich simuliert werden.

Die Frage, inwieweit dies gelingt, hängt nicht vom Maschinentyp ab. Es ist zum Beispiel unerheblich, ob der Andruck auf einer Flachbett-Andruckpresse oder auf einer Vier-Farben-Auflagenmaschine zustande gekommen ist. Denn natürlich kann auch ein Andruck, der in einer Auflagenmaschine hergestellt wurde, falsch sein, nämlich dann, wenn die Druckbedingungen der Standardisierung nicht eingehalten worden sind.

Da in vielen Fällen bei der Herstellung der Reproduktion nicht bekannt ist, ob die Drucksache auf einer Vier-Farben-Maschine, auf einer Zwei-Farben-Maschine oder sogar auf einer Ein-Farben-Maschine laufen wird, gilt die standardisierte Druckreihenfolge S, C, M, Y grundsätzlich für den Andruck, es sei denn, daß bei Bestellung der Reproduktion ausdrücklich eine andere Druckreihenfolge vereinbart wird.

8. **Farbskala:** Dieser Begriff hat eine doppelte Bedeutung. Einmal sind damit, was bereits erklärt wurde, die verwendeten Druckfarben gemeint, und zwar in bezug auf ihr visuelles Erscheinungsbild, zum anderen wird der gleiche Begriff – merkwürdigerweise – auch für die Darstellung der Einzelschritte des Zusammendrucks verwendet. Diese »Farbskala« benötigt der Auflagendrucker, um den Ablauf des Andrucks exakt nachvollziehen zu können.

Wir haben also zu unterscheiden zwischen der »Druckfarben-Farbskala« und der »Andruck-Farbskala«. Für die Standardisierung ist es wichtig, daß die Druckfarben-Farbskala bei Andruck und Auflagendruck die gleiche ist. Denn selbstverständlich darf der Drucker für die Auflage keine Druckfarben verwenden, die sich visuell, also in ihrem Farbton und in ihrer Buntart, von den Andruckfarben unterscheiden. Sonst würden beim Zusammendruck in der Auflage andere Farbnuancen entstehen als im Andruck.

Heutzutage wird im Bogen-Offsetdruck, wie schon ausgeführt, fast ausschließlich die Europa-Skala (DIN 16 539) verwendet. Daneben gibt es in der Bundesrepublik noch die Norm DIN 16 509, die sogenannte »Kalte Reihe«.

Die Normierung der Druckfarben-Farbskalen bezieht sich ausschließlich auf das Aussehen der Druckfarben bei definierter Farbschichtdicke und bei definiertem Bedruckstoff. Die Norm bezieht sich nicht auf die chemische Zusammensetzung der Druckfarben und auch nicht auf ihre spektralen Eigenschaften. Außerdem sind natürlich Toleranzen unvermeidlich. So kommt es, daß die Norm-Farbskalen verschiedener Hersteller nicht unbedingt zu exakt den gleichen Mischresultaten führen. Aus diesem Grund wird ein Drucker, der kein Risiko eingehen will, für den Auflagendruck die Druckfarben desselben Herstellers einsetzen, die auch für den Andruck verwendet worden sind.

Deshalb müssen in der Andruck-Farbskala die verwendeten Druckfarben präzise angegeben sein. In der Andruck-Farbskala findet man die fortlaufende Darstellung des Zusammendrucks. Sie beginnt mit den sogenannten »blanken« Abzügen von S und C, also mit Einzeldrucken dieser beiden Druckfarben. Dann folgt der Zusammendruck von S und C. Danach kommt der blanke Abzug von M, dann der Zusammendruck von S, C und M. Nun ist der blanke Abzug von Y an der Reihe. Als letztes, nämlich obenauf in der zusammengehefteten Farbskala, findet man den vierfarbigen Zusammendruck von S, C, M und Y. Damit ist fortlaufend in der richtigen Druckreihenfolge das Zustandekommen des Mehrfarbendrucks gezeigt.

Die Andruck-Farbskala gibt dem Auflagendrucker die sichere Orientierung für sein Tun. Er kann seine Arbeit Schritt für Schritt mit dieser Andruck-Farbskala vergleichen. Das ist natürlich dann von besonderer Bedeutung, wenn die Auflage auf Ein-Farben-Maschinen oder auf Zwei-Farben-Maschinen gedruckt wird. Denn das Endergebnis wird erst sichtbar, wenn die ganze Arbeit fertig ist. Hier ist die Andruck-Farbskala unverzichtbar, um den Auflagendrucker richtig anzuleiten.

Für den Druck auf Vier-Farben-Maschinen hat die Andruck-Farbskala aber weitgehend an Bedeutung verloren. Eigentlich ist sie überhaupt nicht mehr nötig, denn der Auflagendrucker hat es bei Vier-Farben-Maschinen immer sofort mit dem vierfarbigen Zusammendruck zu tun. Er kann das fertige Ergebnis beurteilen. Den Fortdruck wird er erst dann laufen lassen, wenn das visuelle Ergebnis des Andrucks erreicht wurde bzw. wenn der Kunde zufrieden ist. Deshalb würde für Druck auf Vier-Farben-Maschinen ein sogenannter »Proof« genügen, eine einmalige Simulierung des Zusammendrucks.

Bei unbunt aufgebauten Reproduktionen muß zusätzlich in der Andruck-Farbskala ein Zusammendruck der drei bunten Druckfarben zu finden sein. Denn nur dadurch ist eine Kontrolle des Unbuntaufbaus möglich.

Die Normierung der Druckfarben-Farbskalen ist im Bogen-Offsetdruck am weitesten fortgeschritten. Im Tiefdruck haben wir es mit einer anderen Situation zu tun. Erstaunlicherweise gibt es in der Bundesrepublik für Tiefdruck noch keine allgemeingültigen Normierungen. Vielmehr arbeiten die großen Tiefdruckereien oft mit sogenannten »Haus-Skalen«. Das führt dazu, daß Tiefdruckreproduktionen zwischen verschiedenen Tiefdruckereien prinzipiell nicht austauschbar sind. Aber auch im Tiefdruck sind Bestrebungen im Gange, zu allgemeinverbindlichen Normen der Farbskalen zu kommen.

9. **Vollflächendichte:** Die Vollflächenfelder in der Druckkontrolleiste dienen der Messung der Vollflächendichte. Praktisch wird damit die Menge der aufgetragenen Druckfarbe kontrolliert. Die Meßgeräte, mit deren Hilfe man die Dicke der Farbschichten optisch mißt, heißen Densitometer.

Im Densitometer wird Licht auf die Farbschicht aufgestrahlt, die auf den Bedruckstoff aufgetragen ist. Jener Teil des Lichtes, der nicht von der Farbschicht absorbiert wird, fällt als Reflexion auf ein gegenfarbiges (komplementäres) Filter. Hinter diesem Filter wird das »Restlicht« gemessen, also jene Strahlungsintensität, die das Filter durchdringen kann. Ein Beispiel: Eine magentarote Farbschicht, die auf weißes Druckpapier aufgedruckt wurde, soll gemessen werden. Im Densitometer wird weißes Licht auf die Papierstelle aufgestrahlt, auf der die volle Farbschicht liegt. Das ist in dem betreffenden Feld der Druckkontrolleiste der Fall. Wie wir wissen, wird in der magentaroten Farbschicht das mittelwellige Licht absorbiert, so daß nur das kurzwellige und das langwellige die dafür transparente Farbschicht passieren können. Von der weißen Papieroberfläche wird es zurückgestrahlt, reflektiert und fällt auf das gegenfarbige, in diesem Falle also grüne »Meßfilter«. Diese grüne Filterschicht kann nur mittelwelliges, also grünes Licht durchlassen. Das ankommende Licht hat aber fast ausschließlich kurzwellige und langwellige Intensitäten, die nicht durchgelassen werden können. Mit anderen Worten: Durch das gegenfarbige Filter kann nur ein sehr geringer Teil der Strahlungsintensität des aufgestrahlten Lichtes hindurchkommen. Diese verbleibende Lichtintensität wird gemessen. Aus ihr wird der Dichtewert abgeleitet. Je dünner die aufgetragene magentarote Farbschicht ist, desto größer ist die Reflexion im mittelwelligen Bereich und desto geringer ist demzufolge die gemessene Dichte dieser Farbschicht.

Diesen Dichtewert liest man an einer Skala, bei modernen Geräten digital ab. Die Dichte ist der Logarithmus der Strahlungsintensität. Hätte ein weißes Papier die Fähigkeit, sämtliche Lichtstrahlen zu reflektieren, dann hätte es die Dichte 0.0. Wenn die Strahlungsintensität sich halbiert, steigt die Dichte um einen Wert von 0.3 an. So entsteht aus dem Logarithmus der Strahlungsintensität eine arithmetische Reihe: 0.0; 0.3; 0.6; 0.9; 1.2 usw. Eine Dichte von 0.6 bedeutet, daß noch ein Viertel der Strahlungsintensität vorhanden ist, bei einer Dichte von 0.9 ist noch ein Achtel, bei einer solchen von 1.2 ist noch ein Sechzehntel der Strahlungsintensität vorhanden usw.

Im Prinzip führt also die hinter dem gegenfarbigen Filter gemessene Reststrahlung zu einer »Schwärzungsmessung«. Zur Messung der Dichte der Druckfarbe Schwarz ist natürlich kein buntfarbiges Filter nötig.

Aus diesen Erläuterungen geht deutlich hervor, daß Densitometer nur zu relativen Meßwerten führen können, denn da in den Normen der Farbskalen die spektralen Eigenschaften der Druckfarben nicht festgelegt sind, müssen bei gleichem Farbauftrag, also bei gleicher Farbschichtdicke, nicht unbedingt identische Meßwerte entstehen. Hinzu kommt, daß in Densitometern verschiedener Hersteller und verschiedener Typen unterschiedliche Meßfilter verwendet werden. In einigen Densitometern wird zusätzlich noch ein Polarisationsfilter in den Strahlengang gebracht, um Glanzwirkungen auszuschalten. Auch das Reflexionsvermögen des Druckpapiers und die Toleranzen der Druckfarben haben Einfluß auf das Meßergebnis.

Aus all dem ergibt sich, daß beim heutigen Stand der Densitometer-Meßtechnik die ermittelten Dichtewerte nur immer relative Vergleichswerte sein können. Die Werte sind nicht austauschbar und können demzufolge auch nicht bei Auftragserteilung durch den Besteller vorgegeben werden. Wo solche Vorgaben dennoch gemacht werden, übersieht man den eben geschilderten Sachverhalt.

Densitometerwerte beziehen sich also immer auf ein bestimmtes Meßgerät. Die vorhandene Meßtechnik gestattet die Kontrolle eines bestimmten Produktionsablaufes. Zum Beispiel kann der Andrucker an seiner Andruckpresse mit seinem Densitometer sehr exakt arbeiten, wenn es darum geht, mit gleichen Druckfarben auf gleichem Papier gleiche Dichtewerte zu erzielen. In diesem individuellen Prozeß dienen die Densitometer zur exakten Produktionskontrolle.

Wenn eine Druckerei Wert darauf legt, daß jene Vollflächendichte, die sie in der Auflagenmaschine erzielen kann, im Andruck genau simuliert wird, dann muß sie »Vollflächenmuster« an das Reprounternehmen geben. Diese werden visuell mit dem Andruckergebnis abgestimmt. Erst dann werden die Densitometer eingesetzt, um die so erreichten Ergebnisse im Produktionsverlauf zu kontrollieren.*

---

* In der Anleitung zur Standardisierung im Offsetverfahren BVD/FOGRA findet man deshalb keine Angaben von Dichtwerten für Vollflächenmessung. Vielmehr findet man für Druck auf glänzende Kunstdruckpapiere Druckmuster, die als Vorgabe-Standard zur visuellen Abmusterung eingesetzt werden können. (Bei anderen Papieren müßten zunächst einmal Auflagen-Standards erstellt werden). Im übrigen sind die Vollflächendichten durch die Druckmuster in den DIN-Blättern DIN 16 539 bzw. DIN 16 509 festgelegt. Auf diesen Normblättern befindet sich ausdrücklich der Hinweis, daß die Vollflächenmuster nicht zur Messung, sondern zum visuellen Vergleich dienen.

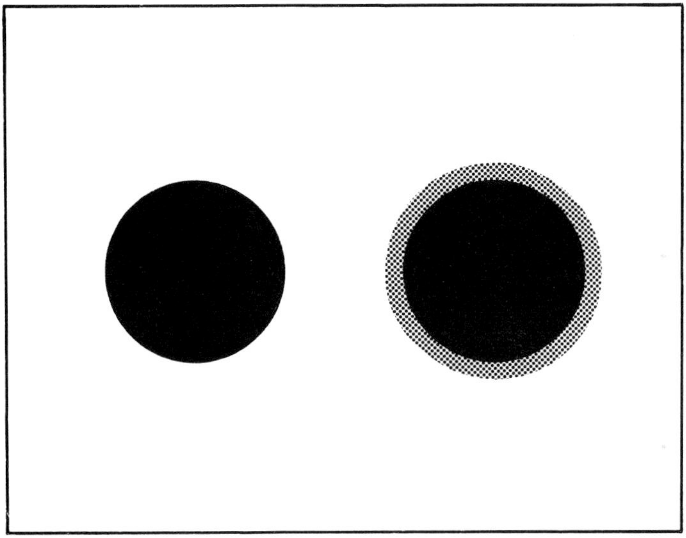

40 Größenveränderung der Rasterpunkte im Druckprozeß nennt man Tonwertzunahme.

10. **Tonwertzunahme:** Druckvorlagen für den mehrfarbigen Bilderdruck im Offsetdruckverfahren sind die Rasterfilme, nämlich die gerasterten Farbauszüge, also die »Lithos«. Die geometrische Flächendeckung des Rasters an jeder Stelle eines Kopierfilms entspricht dem Wert, der von der betreffenden Druckfarbe im Zusammendruck benötigt wird, um die gewünschte Farbnuance entstehen zu lassen.

Leider ist es aber nicht möglich, die geometrische Flächendeckung der Druckvorlage unverändert auf den Bedruckstoff zu übertragen. Wie schon gesagt, verändert sich ja die Flächendeckung beim Kopieren. Durch das Spitzerkopieren bei der Positivkopie wird sie heller, die Rasterwerte werden kleiner. Aus den 40% Flächendeckung im Meßfeld der Druckkontrollleiste (Abb. 38) sind auf der Druckplatte bei dem erwähnten Beispiel 36% geworden. Diese Flächendeckung von 36% wird nun in der Druckmaschine von der Platte auf das Gummituch abgegeben und von dort auf das Papier übertragen.

Bei diesem Vorgang verändert sich die Flächendeckung erneut. Jetzt werden die Rasterpunkte größer, das Druckbild wird »voller«, wie man sagt. Beim Pressen der Farbe von der Druckplatte auf das Gummituch und beim Übertragen der Rasterpunkte vom Gummituch auf das Papier verändert sich die Punktgröße. Hinzu kommt der sogenannte »Bügeleffekt«, wenn die aufgedruckten Rasterpunkte durch die nachfolgenden Druckwerke laufen und dort erneut gepreßt, »gebügelt« werden.

Abb. 40 soll das verdeutlichen: Links sieht man den »harten« Rasterpunkt des Kopierfilmes, rechts erkennt man, wie der Punkt größer geworden ist, wenn er auf dem Druckbogen steht. Die »Randzonen«, nämlich die Bereiche, um die der Punkt zugenommen hat, wurden in der Abbildung grau dargestellt.

Wenn der Rasterpunkt auf dem Papier steht, wird zusätzlich noch ein Effekt wirksam, den man »Lichtfang« nennt. Der Punkt wirkt nämlich optisch größer als er tatsächlich ist. Das hängt damit zusammen, daß die Oberfläche des Papiers die auffallenden Lichtstrahlen nicht – wie ein Spiegel – reflektieren kann. Vielmehr dringen die Strahlen etwas in das Material ein und werden diffus reflektiert. Dadurch entsteht die optische Täuschung vergrößerter Rasterpunkte. Man spricht deswegen, wenn man sich auf die auf das Papier aufgedruckten Rasterwerte bezieht, von der »optisch wirksamen Flächendekkung«. Dieser Begriff steht also im Gegensatz zu der »geometrischen Flächendeckung« auf dem Kopierfilm.

Bei der Standardisierung kommt es darauf an, dieses Größerwerden der Rasterpunkte, die sogenannte »Tonwertzunahme«, sicher in den Griff zu bekommen. Das beginnt damit, im Auflagendruck so zu arbeiten, daß die in der Standardisierung festgelegte Tonwertzunahme erreicht und eingehalten wird. Wenn dann ebenfalls im Andruck die Standard-Anforderungen erfüllt sind, kann der Fortdruck problemlos durchgeführt werden.

Die Standardisierung der Tonwertzunahme fängt also beim Auflagendruck an. Ziel muß es sein, daß in jeder Druckerei mit standardisierter Tonwertzunahme gearbeitet wird. Selbstverständlich müssen die verschiedenen Druckmaschinen in einer Druckerei ebenfalls auf die Standardisierung abgestimmt sein. Mit anderen Worten: Zunächst ist in jeder Druckerei die Aufgabe gestellt, die Druckbedingungen so zu optimieren, daß auf sämtlichen Druckmaschinen die standardisierte Tonwertzunahme eingehalten wird.

Das ist natürlich sehr viel leichter gesagt als getan, denn es setzt einige Vorarbeiten voraus. In der Druckerei muß als erstes der »Ist-Zustand« der Druckbedingungen festgestellt werden. Dazu bedient man sich einer Testform, die man in jeder Druckmaschine mit den normal üblichen Druckbedingungen auf definiertes Papier druckt. Durch die Auswertung dieser Druckergebnisse ermittelt man die »Druckkennlinie« der einzelnen Druckmaschinen bei den gegebenen Druckbedingungen.

Eine Druckkennlinie zeigt Abb. 41. Auf der waagerechten Achse sind die Tonwerte der Kopiervorlage aufgetragen. Auf der senkrechten Achse sind die Tonwerte der Wiedergabe gezeigt. Die gestrichelte diagonale Linie dient der Orientierung. Sie repräsentiert die Tonwertwiedergabe im Verhältnis 1:1. Dabei würden die 40% Flächendeckung der Kopiervorlage mit 40% wiedergegeben.

Die graue Kurve »hängt durch«. Sie zeigt die Tonwertübertragung auf die Kopierplatte. Aus den 40% Tonwert der Kopiervorlage sind auf der Platte 36% geworden.

Die durchgehende schwarz gezeichnete Kurve stellt die optisch wirksame Flächendeckung auf dem Papier dar. Aus den 40% in der Kopiervorlage sind auf dem Papier 56% geworden. Dieses ist die »Druckkennlinie«.

Dadurch, daß jedem Tonwert der Kopiervorlage ein Tonwert auf dem Papier zugeordnet ist, entsteht diese Druckkennlinie der Abb. 41.

Die genauen Werte, die mit definierten Papiersorten im Rahmen der Standardisierung zu erreichen sind, wurden in Tabellen der »Anleitung zur Standardisierung im Offsetdruckverfahren« (BVD/FOGRA) festgeschrieben.

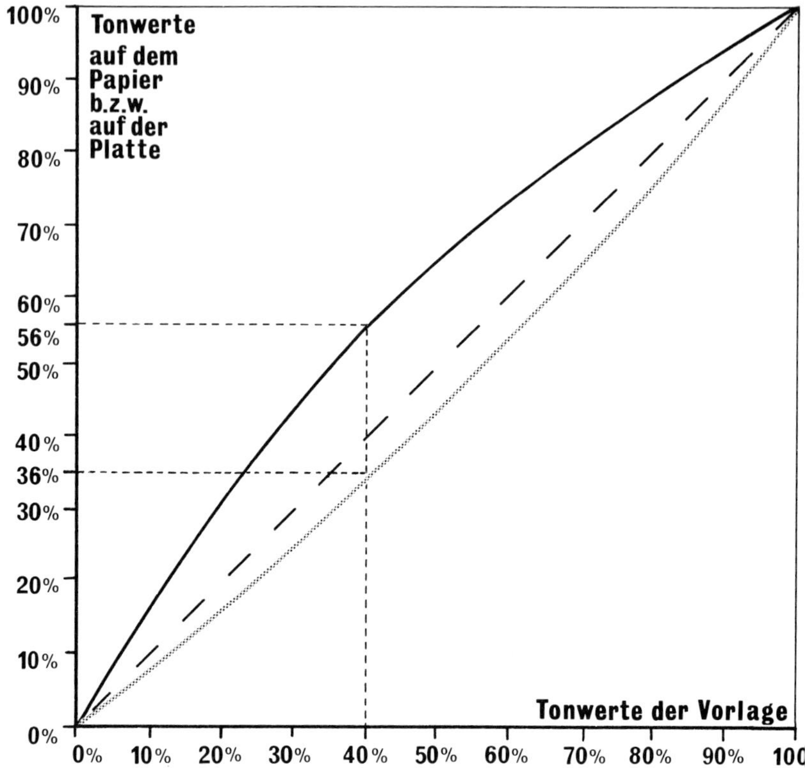

41 Die obere Kurve ist die Druckkennlinie, die untere die Kopierkennlinie.

Beispiel: Bei positiver Plattenkopie (und Druck auf gutes Kunstdruckpapier) werden im Mittelton 4% wegkopiert. Dadurch ist aus dem 40%-Feld der Druckkontrolleiste auf der Druckplatte ein Rasterwert von 36% entstanden. Dieses Feld wird jetzt so auf ein Kunstdruckpapier übertragen, daß eine optisch wirksame Flächendeckung von 58% gemessen wird. Bezogen auf die Druckplatte, haben wir es eigentlich also mit 22% Tonwertzunahme zu tun.

Man bezieht sich aber, weil es praktisch ist, bei der Angabe der Tonwertzunahme nicht auf den meist unbekannten Rastertonwert der Druckplatte, sondern direkt auf den Rastertonwert im Meßfeld der Druckkontrolleiste. Bezogen auf das 40%-Feld, ergibt sich bei 58% optisch wirksamer Flächendekkung eine Tonwertzunahme von 18%. Diese 18% sind der derzeitig festgelegte Standard für glattgestrichene Druckpapiere (positive Plattenkopie).* Die zugelassene Toleranz beträgt ± 3%. Demnach liegen Drucke dann noch im Toleranzbereich, wenn im 40%-Meßfeld Werte zwischen 55% und 61% gemessen werden. Werte, die darunter oder darüber liegen, sind nicht mehr zugelassen.

Im Beispiel von Abb. 41 wurde das 40%-Feld mit 56% optisch wirksamer Flächendeckung auf das Papier übertragen. Wir haben es also mit Druckbedingungen zu tun, die im unteren Bereich der Toleranz liegen, nämlich mit einer Tonwertzunahme von 16%. Das entspricht der jetzt üblichen Praxis.

Die Tonwertzunahme ist deswegen mit einem so relativ hohen Wert standardisiert worden, damit wirklich jede Drukkerei in der Lage ist, sie zu realisieren. Die Tendenz läuft allerdings darauf hinaus, im Mittelton mit etwas geringeren Werten zu arbeiten. Eine Tonwertzunahme von 16%, die im unteren Toleranzbereich liegt, wird zur Zeit vielfach als optimal angesehen.

Wenn durch die Ermittlung des »Ist-Zustandes« in der Druckerei festgestellt worden ist, daß es in bezug auf die Tonwertzunahme Abweichungen zur Standardisierung gibt, dann muß eine Optimierung der Druckbedingungen stattfinden. Die verschiedenen Einflußfaktoren (zum Beispiel Konsistenz der Farbe, Härte des Gummituches, Höhe des Beistelldrucks der sogenannten Zylinderbeistellung, etc.) müssen so verändert werden, daß die standardisierte Tonwertzunahme erreicht wird.

Abb. 38 zeigt die beiden Meßfelder im PMS, die der Ermittlung der Tonwertzunahme bei der Produktionskontrolle die-

---

* Für ungestrichene und für mattgestrichene Papiere ist eine höhere Tonwertzunahme von 21% festgelegt.

nen, nämlich das 40%-Feld und das 80%-Feld. Denn selbstverständlich ist es bei laufenden Druckmaschinen nicht möglich, jeweils ganze Druckkennlinien zu erarbeiten, vielmehr genügt es, einen Punkt der Druckkennlinie zu kontrollieren. Wenn das 40%-Feld richtig übertragen ist, schließt man daraus, daß der Verlauf der Druckkennlinie richtig ist und daß damit die Standardbedingungen eingehalten wurden. Für denjenigen, der noch genauer arbeiten will, ist das zweite Kontrollfeld mit 80% vorgesehen. Mit ihm hat man die Möglichkeit, im kritischen »Dreivierteltton« eine weitere Messung durchzuführen.

Zusammenfassung:
Die Sicherheit, bei höchsten Ansprüchen an die Bildwiedergabe im Auflagendruck die Farbnuancen des Andrucks optimal zu erreichen, ist dann gegeben, wenn folgende Punkte beachtet werden:

1. Als Kopiervorlagen dürfen nur hart umkopierte Filme oder Filme mit entsprechender Punktqualität verwendet werden.
2. Im Andruck muß, im Auflagendruck sollte möglichst eine Druckkontrolleiste mitlaufen. Es sind nur Original-Kontrollleisten zu verwenden.
3. Die Plattenkopie hat exakt nach Standard zu erfolgen (Kontrolle zum Beispiel durch das K-Feld des PMS).
4. Weder im Andruck noch im Auflagendruck darf Schieben oder Dublieren vorkommen.
5. Der Andruck muß auf Auflagenpapier hergestellt werden.
6. Die Seiten bzw. die Einzelelemente auf dem Druckbogen sind standrichtig nach Ausschießschema anzuordnen. Andruck und Auflagendruck müssen in der gleichen Abwicklungsrichtung ausgeführt sein.
7. Die vorgeschriebene Druckreihenfolge für Andruck und Auflagendruck ist S, C, M, Y.
8. Für den Andruck ist die gleiche Druckfarben-Farbskala zu verwenden wie für den Auflagendruck.
9. Die Vollflächendichte im Andruck muß visuell geprüft sein (sie sollte den Druckmustern der »Anleitung zur Standardisie-

rung« entsprechen oder aber speziellen mitgelieferten Vollflächen-Druckmustern).

10. Bei der Tonwertzunahme müssen die Standardwerte innerhalb der Toleranz liegen.

Wenn darüber hinaus die Abmusterung der Diapositive bei der Lichtart D 50 und die Abmusterung aller Aufsichtsobjekte, also der Aufsichtsvorlagen, der Gegenstände und der Drucke, bei der Lichtart D 65 durchgeführt wird, kann es keine bösen Überraschungen und keine Enttäuschungen mehr geben. Bei Beachtung der genannten Punkte ist das Ergebnis des Mehrfarbendrucks nicht mehr »Glückssache«. Vielmehr wird der Mehrfarbendruck zu einer sicheren Verfahrenstechnik, mit welcher die durch den Andruck vorgegebenen Ziele in der Auflage mit relativer Sicherheit erreicht werden.

Der einzige Einflußfaktor, der im Andruck nicht ausreichend simuliert werden kann, ist das Farbannahmeverhalten beim Naß-in-Naß-Druck. Und zwar kann dieser Einflußfaktor weder auf Flachbett-Andruckpressen noch beim Andruck auf Auflagenmaschinen richtig beherrscht werden. Denn die Zeitintervalle zwischen zwei übereinandergedruckten Farben sind bei schnellaufenden Auflagenmaschinen viel kürzer, als sie im Andruck je sein können. Das führt zu einer verbleibenden Unsicherheit bei der Wiedergabe empfindlicher Farbnuancen in den Tertiärbereichen, zum Beispiel Grauntönen, Dunkelgrüns, Dunkelblaus, Olivtönen und speziell den verschiedenen Dunkelgraus. Dieses Problem läßt sich aber dadurch lösen, daß man unbunt aufgebaute Lithosätze verwendet. Denn da die Summe der Flächendeckung in diesen kritischen Farbtönen im Unbuntaufbau wesentlich kleiner ist, wird das Farbannahmeproblem so reduziert, daß es vernachlässigt werden kann.

Allerdings nützen die besten Reproduktionen nichts, wenn die Druckerei nicht in der Lage ist, die standardisierten Druckbedingungen einzuhalten. Andererseits kann die beste Druckerei keine sicheren Auflagenergebnisse erreichen, wenn im Reprobetrieb die aufgezählten Punkte nicht beachtet wurden.

Dem Leser wird sicherlich einleuchten, daß die Einhaltung der Standardvorschriften in der Reproduktion ein ganz wesentlicher

Kostenfaktor bei den Lithopreisen ist. Aber der höhere Lithopreis wird sich immer dann vielfach auszahlen, wenn es darum geht, im Auflagendruck Spitzenqualitäten zu erreichen, die optimal dem Andruck entsprechen, oder wenn eine Druckerei die Gewißheit haben möchte, daß der Auflagendruck problemlos ablaufen kann.

Druckverfahren mit nebeneinanderliegenden Flächenelementen*

Eigentlich könnte das Buch hier zu Ende sein. Denn es wurde bereits ausführlich erklärt, in welchen Beziehungen die Fernseh-, die Foto- und die Drucktechnik zur Farbenlehre stehen. Darüber hinaus wurde erläutert, welche technologischen Verbesserungen für die verschiedenen Prozesse heute denkbar sind. Für die Drucktechnik ist der unbunte Bildaufbau im Mehrfarbendruck bereits Realität geworden, und der Sieben-Farben-Druck wird aller Voraussicht nach bald verwirklicht werden. Man könnte sagen: Die technischen Möglichkeiten für die Reproduktionsprozesse – und damit für die visuellen Kommunikationsmedien – beziehen sich auf die Farbenlehre. Noch besser würde man den Gedanken zusammenfassen in dem Satz: Technische Möglichkeiten der Reproduktionsprozesse sind Konsequenzen, die sich aus der Farbenlehre ergeben.

Wenn man einmal angefangen hat, über Farbenlehre und Reproduktionsprozesse nachzudenken, möchte man auch wissen, wo für die Entwicklung neuer Gedanken der Schlußpunkt liegt. In bezug auf die Drucktechnik sind die Konsequenzen, die sich aus der Farbenlehre ergeben, jedenfalls noch nicht zu Ende gedacht worden.

Mit diesen Konsequenzen wollen wir uns im letzten Kapitel dieses Buches beschäftigen. Mit den folgenden Ausführungen kommen wir für die Drucktechnik an den Endpunkt, bis zu dem man, aus der Perspektive der Farbentheorie gesehen, denken kann. Wir kommen an das »Ende der Fahnenstange«.

Mehrfarbendruck, wie er heute praktiziert wird und wie er sich auch im Sieben-Farben-Druck präsentiert, benötigt als unverzichtbare Basis die unbunte Grundfarbe Weiß. Die Farbnuancen können

---

* Das hier beschriebene Druckverfahren wurde vom Autor weltweit zum Patent angemeldet.

als Ergebnis der Subtraktiven Mischung und der Autotypischen Mischung prinzipiell nur dann entstehen, wenn ein weißer Bedruckstoff vorhanden ist oder aber wenn auf einen andersfarbigen Bedruckstoff eine deckende weiße Fläche vorausgedruckt wird. Die unbunte Grundfarbe Weiß ist für die heute üblichen Prozesse des Mehrfarbendrucks ganz unverzichtbar.

Wir haben uns daran gewöhnt, daß wir es beim Mehrfarbendruck immer mit weißem Papier zu tun haben. Wo ästhetisch besonders anspruchsvolle Drucksachen entstehen – beispielsweise bei Kalendern oder auch bei besonderen Buchillustrationen –, wird um das Buntbild herum eine Tonfläche gedruckt, meistens in einer Zusatzfarbe, weil die häufig verwendeten zarten Tertiärfarben im Rasterdruck zu unruhig wiedergegeben würden.

Die Verwendung von weißem Bedruckstoff ist aber grundsätzlich eine Notlösung. Aus der schier unendlichen Vielfalt aller Farbnuancen steht uns ohne Alternative nur dieses Weiß, nur diese eine Farbnuance zur Verfügung. Nämlich deshalb, weil der Prozeß sonst nicht funktionieren würde, weil Weiß als unbunte Grundfarbe vorhanden sein muß. Wenn wir die Vielfalt aller Farbnuancen als geometrischen Raum verstehen, als »Farbenraum«, dann haben wir es bei der Farbe unseres Bedruckstoffes für Mehrfarbendruck mit einer Reduzierung auf einen geometrischen Punkt zu tun, auf die Farbe Weiß.

Zwar gibt es deckende Druckfarben, wie sie zum Beispiel im Siebdruck eingesetzt werden. Zwar ist es möglich, mit ihnen Bedruckstoffe aller möglichen Farben zu bedrucken, braunes Holz, grüne Flaschen, schwarze Stoffe. Aber das läßt sich immer nur mit Schmuckfarben machen, mit Farben also, die nur flächig aufgedruckt werden, denn zur Erzielung von Mischergebnissen nach den bisher üblichen Techniken können deckende Farben nicht eingesetzt werden. Die Farben müssen dann lasierend sein, weil die übereinanderliegenden Farbschichten in ihrem Absorptionsverhalten zusammenwirken. Das ist immer das Prinzip der Subtraktiven Mischung, und damit wird immer als vierte subtraktive Grundfarbe die unbunte Grundfarbe Weiß benötigt. Sie muß als Basisfarbe zur Verfügung stehen, um die auftretenden Differenzwerte automatisch auszufüllen.

Eine Wunschliste, die ein Drucker für ein ideales Mehrfarben-Druckverfahren aufstellen würde, könnte folgendermaßen aussehen:

1. Die Farbe des Bedruckstoffs darf keine Rolle spielen.
2. Deckende Druckfarben sind zu verwenden.
3. An keiner Stelle des Bedruckstoffes soll mehr als eine Farbschicht liegen.
4. Es darf keine Farbannahmeprobleme geben.
5. Trocknungsprobleme sollen ausgeschlossen sein.
6. Ein konsequenter Unbuntaufbau muß zur »Betonierung« der Graubalance verwirklicht sein.
7. Das Verfahren muß unempfindlich sein gegen Farbführungsschwankungen.
8. Dünnste Papiere sollen bedruckt werden können.
9. Pudern soll nicht mehr nötig sein.
10. Es wird optimale Farbwiedergabe in den Farbbereichen Violettblau, Grün und Orangerot gefordert.
11. Im Auflagendruck darf es nur ganz geringe Toleranzen geben.
12. Geringer Materialverbrauch, sowohl bei Druckfarbe, als auch bei Druckpapier, also wenig Makulatur.
13. Die Maschinen sollen immer mit höchster Tourenzahl laufen können.
14. Auch bei hohen Papierstapeln sollen die Druckbogen ein ideales Stapelverhalten zeigen.
15. Der Prozeß soll moiréfrei sein.

Diese Wunschliste ist keine Utopie. Dies alles erscheint nicht nur denkbar, sondern durchaus machbar. Man muß sich nur entschließen, die gewohnten und bequemen Einbahnschienen des konventionellen Denkens und der persönlichen Erfahrung zu verlassen, um ganz nüchtern zu überlegen, welche letzten Konsequenzen sich aus der Farbenlehre ergeben.

Zunächst wollen wir uns folgenden Zusammenhang vorstellen:

Beim Vier-Farben-Druck mit konsequentem Buntaufbau können maximal vier Schichten von Druckfarben übereinanderliegen. In der neutralen Bildtiefe sind die drei Farbschichten Y, M und C voll vertreten. Dazu kommt die unbunte Druckfarbe S. Das führt zu einer maximalen Flächendeckungssumme von 400%.

Beim Vier-Farben-Druck mit konsequentem Unbuntaufbau können höchstens noch drei Farbschichten übereinanderliegen, nämlich zwei bunte Druckfarben und S. Ein dunkles Braun kommt jetzt dadurch zustande, daß die vollen Farbschichten Y und M übereinanderkommen und die Druckfarbe S darübergedruckt wird. Die maximale Summe der Flächendeckung ist nun 300%.

Dieses gleiche dunkle Braun entsteht aber im Sieben-Farben-Druck dadurch, daß nur noch zwei Farbschichten übereinanderliegen, daß nämlich die Druckfarben Orangerot und Schwarz zusammenwirken. An dieser Stelle reduziert sich demgemäß die Summe der Flächendeckung auf 200%.

Nun gilt es, den nächsten und damit den letzten Schritt zu vollziehen, der dahin führt, daß wir zu einer maximalen Flächendeckungssumme von 100% kommen, daß nämlich an jeder Stelle des Bedruckstoffs nur noch eine einzige Druckfarbenschicht liegt.

Das ist dann ohne weiteres möglich, wenn wir im Mehrfarbendruck streng der Gesetzmäßigkeit der Integrierten Mischung folgen.

Wir haben also Abschied zu nehmen von einer Drucktechnik, bei der wir mit übereinanderliegenden Filterschichten arbeiten, die in ihrem Absorptionsverhalten zusammenwirken.

Wir haben aber auch Abschied zu nehmen von der Vorstellung, daß es ökonomisch und technologisch optimal sein könnte, Flächenelemente deckender Farben übereinanderzudrucken, wie das bei einer Variante des Sieben-Farben-Drucks beschrieben worden ist. Denn so etwas wäre ja vom Prinzip her Nonsens, weil ja immer nur die obenliegende Farbschicht wirkt, die alles darunterliegende überdeckt. Wenn unter einem Rasterelement, das mit deckender Druckfarbe auf eine andere Farbschicht gedruckt worden ist, keine andere Farbschicht liegen würde, sondern nur weißes Papier, wäre es dasselbe. Weil die untenliegende Farbschicht von der darüberliegenden zugedeckt wird und nicht mehr mitwirkt.

Wir gehen also von der Überlegung aus, daß wir uns von der Rastertechnik, die von Meisenbach im vergangenen Jahrhundert erfunden wurde und die im Prinzip bis heute unverändert die Grundlage des Mehrfarbendrucks geblieben ist, trennen.

An die Stelle der Idee, aufgerasterte Farbschichten übereinanderzudrucken und zusammenwirken zu lassen, stellen wir die neue Idee des Mengenaustauschs von nebeneinanderliegenden Flächenelementen nach dem Prinzip der Integrierten Mischung. Das hätte darüber hinaus den Vorteil, daß Entstehung von Moiré ausgeschlossen wäre.

Dazu stellen wir uns vor, daß wir die Fläche des gedruckten Buntbildes in kleinste geometrische Teilflächen zerlegen. Das können Dreiecke, Sechsecke, Rhomben, Rechtecke, Quadrate oder dergleichen sein. Es müssen geometrische Formen sein, die in Wiederholung die Fläche voll ausfüllen. Kreise kommen also zum Beispiel nicht dafür in Frage.

Nehmen wir als einfachstes Beispiel das Quadrat. Wir teilen die Fläche des Druckbildes in winzige Quadrate auf, die so klein sind, daß sie einzeln vom Auge nicht mehr erkannt werden können, weil sie unter der Auflösungsschwelle liegen. Das wäre etwa dann sehr gut gegeben, wenn die Seitenlänge eines solchen Teilflächen-Quadrates $\frac{1}{7}$ mm lang wäre. Denn das würde einem 70er Raster entsprechen, der ja keinesfalls mit bloßem Auge erkannt werden kann.

Diese winzigen Teilflächen werden nun nach dem Prinzip der Integrierten Mischung ausgefüllt. Um das zu ermöglichen, müssen wir acht Druckfarben zur Verfügung haben, nämlich für jede Grundfarbe eine, denn die Grundfarbe Weiß käme jetzt als gleichberechtigte Druckfarbe hinzu. Darüber hinaus können wir mit dekkenden Druckfarben arbeiten. Das führt uns nämlich dann zu einer völligen Unabhängigkeit von der Farbe des Bedruckstoffs.

Das Prinzip erkennen wir in Abb. 42. Unsere winzige quadratische Teilfläche kann von der Farbschicht Weiß ausgefüllt sein. Das ist eine Farbschicht. Sie kann aber auch von der Farbschicht Y ausgefüllt sein. Das ist ebenfalls eine Farbschicht. Sie kann genauso gut von der Farbschicht O ausgefüllt sein. Das ist wieder nur eine einzige Farbschicht. Und schließlich kann sie ebenso gut auch von der Farbschicht S ausgefüllt sein. Auch das ist immer noch nur eine einzige Farbschicht. Mit anderen Worten, jede Grundfarbe allein kann ein Flächenelement ausfüllen, wobei immer nur eine deckende Farbschicht vorhanden ist.

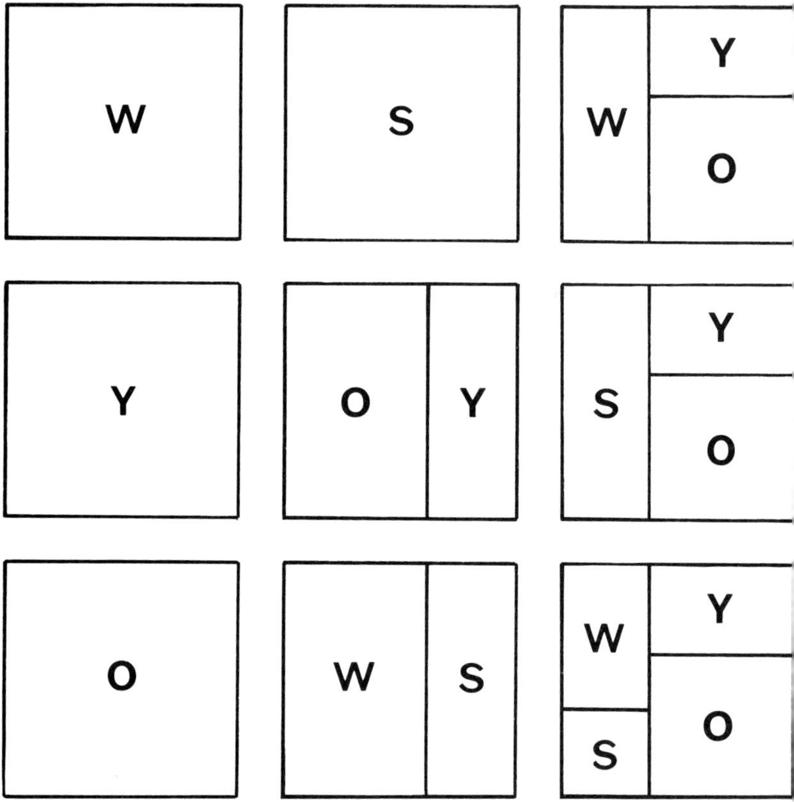

42 Veranschaulichung des Druckverfahrens mit nebeneinanderliegenden Flächenelementen.

Es gibt zudem die Möglichkeit, daß zwei Grundfarben gemeinsam die Fläche ausfüllen, daß sie sich die Fläche aufteilen. Wenn zwei benachbarte bunte Grundfarben gemeinsam durch nebeneinanderliegende Flächenelemente die winzige Quadratfläche ausfüllen, dann entstehen reine Buntarten (Farbtöne), was im mittleren Kästchen von Abb. 42 demonstriert ist. Durch Variation der Teilflächengröße nach dem Prinzip des Mengenaustauschs kann in diesem Kästchen jede Buntart zwischen Y und O dadurch entstehen, daß zwischen diesen beiden Grundfarben entsprechende Mengenverhältnisse gebildet werden. Je größer der Anteil von Y ist, desto gelblicher wird die entstehende Buntartnuance sein, je größer der Anteil von O, desto mehr wird die Buntartnuance zu Orangerot hin tendieren. Mit anderen Worten: Diese Teilfläche kann entweder von der Druckfarbe Y oder von der Druckfarbe O allein bedeckt sein. Sämtliche zwischen Y und O liegenden Buntartnuancen entstehen dann durch Mengenaustausch dieser beiden Druckfarben, die immer gemeinsam die Teilfläche durch nebeneinanderliegende Flächenelemente ausfüllen.

Auf analoge Weise entstehen sämtliche Unbuntarten dadurch, daß nebeneinanderliegende Flächenelemente der Druckfarben W und S gemeinsam das Quadrat ausfüllen, was im mittleren Kästchen der unteren Reihe in Abb. 42 verdeutlicht wird.

Verweißlichte reine bunte Farbnuancen kommen zustande, wenn Flächenelemente von zwei benachbarten bunten Grundfarben mit solchen der Druckfarbe Weiß zusammenkommen, wofür wir rechts oben in Abb. 42 das Beispiel finden. Jetzt sind es drei Druckfarben, die gemeinsam mit nebeneinanderliegenden Flächenelementen die winzige Teilfläche des Quadrats ausfüllen.

Entsprechend entstehen verschwärzlichte reine bunte Farbnuancen durch Hinzukommen eines Flächenelements der Druckfarbe S zu solchen von zwei bunten Grundfarben. Auch hier füllen die drei

43 Jede Bildstelle entsteht nun aus einer dieser sechs Gruppen.

W	W	W	W	W	W
Y	C	C	M	M	Y
G	G	V	V	O	O
S	S	S	S	S	S

nebeneinanderliegenden Flächenelemente gemeinsam die winzige Quadrat-Teilfläche aus, wie das Beispiel in Abb. 42 zeigt.

Maximal können vier Flächenelemente in einem solchen Teilflächen-Quadrat zusammenkommen. Dieses Beispiel ist rechts unten in Abb. 42 zu sehen. Dann haben wir es mit Flächenelementen von Weiß und Schwarz einerseits und mit solchen von zwei benachbarten bunten Grundfarben andererseits zu tun.

Da es bei der Integrierten Mischung nur die sechs Gruppen der Abb. 43 gibt, die wir bereits kennen, können in einer Teilfläche niemals mehr als diese vier Flächenelemente zusammenkommen.

Diese sechs Gruppen entsprechen nämlich den sechs tetraederförmigen Teilbereichen des Rhomboeder-Farbenraums, den sie gemeinsam ausfüllen.* Deshalb lassen sich durch die Mischmöglichkeiten, die sich durch diese sechs Gruppen ergeben, sämtliche Farbnuancen nachmischen.

Das Schema von Abb. 44 zeigt, wie durch das Mengenverhältnis der Teilflächen-Elemente von W und S die Unbuntart einer Farbnuance bestimmt wird und durch die Vereinigungsmenge dieser beiden Teilflächen-Elemente die Unbuntmenge (Ubu M) zustande kommt. Auf der rechten Seite sehen wir unten, wie die Buntart durch das Mengenverhältnis der Teilflächen-Elemente der beiden beteiligten bunten Grundfarben entsteht, hier durch Y und O, und wie ihre Vereinigungsmenge uns zur Buntmenge (Bu M) führt. Schließlich bestimmt das Mengenverhältnis zwischen der Unbuntmenge und der Buntmenge den Unbuntgrad und, wenn wir die Beziehung »herumdrehen«, wenn wir das Verhältnis zwischen Buntmenge und Unbuntmenge umgekehrt sehen, den Buntgrad.

Es wird in Abb. 44 deutlich, daß die Farbnuance F immer der mathematischen Menge 1 entspricht, was identisch ist mit 100% Flächendeckung. Und wir sehen, wie sich diese 100% aus maximal vier Teilflächen-Elementen zusammensetzen können. Es wird auch deutlich, daß die ästhetischen Unterscheidungsmerkmale der Far-

---

* Das ist ausführlich beschrieben in den Büchern des Autors »Farbe – Ursprung, Systematik, Anwendung« und »Die Logik der Farbe« (s. Bibliografie).

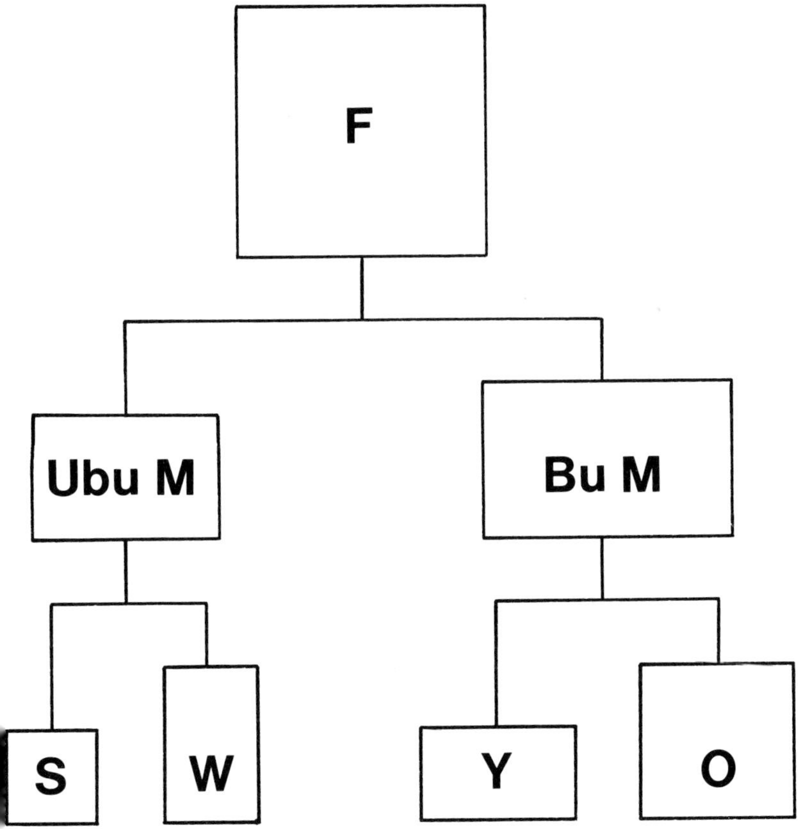

44 Schema der Mengenverhältnisse, durch welche die ästhetischen Unterscheidungsmerkmale entstehen.

ben nichts anderes sind als die Mengenbeziehungen der beteiligten Teilflächen zueinander. So entsteht die Buntart (Buntton, Farbton) an einer Bildstelle durch das Mengenverhältnis der beiden beteiligten bunten Grundfarben zueinander.

Die Unbuntart (Unbuntton) wird bestimmt durch das Mengenverhältnis der beiden beteiligten unbunten Grundfarben, also durch Weiß und Schwarz zueinander. Der Buntgrad (Buntheit, Sättigung) bzw. der Unbuntgrad ergeben sich aus den Mengenbeziehungen zwischen Buntmenge und Unbuntmenge bzw. umgekehrt. Die Helligkeit errechnet sich aus der individuellen Eigenhelligkeit der beteiligten Grundfarben und aus der Größe der betreffenden Flächenelemente.

Hier wird verständlich, wie jedes der vier ästhetischen Unterscheidungsmerkmale (Anmutungsqualitäten) durch Zusammenkommen der maximal vier Teilmengen an jeder Bildstelle entstehen kann. Damit haben wir eine perfekte Konzeption für einen optimalen Mehrfarbendruck.

Wenn wir nun zu unserer Wunschliste zurückkommen, dann sehen wir, daß tatsächlich alle Wünsche erfüllt werden können. Wenn wir mit deckenden Druckfarben arbeiten, spielt die Farbe des Bedruckstoffes keine Rolle mehr. An keiner Stelle des Druckbildes gibt es mehr als eine Farbschicht. Damit sind Farbannahme- und Trocknungsprobleme eliminiert. Ein konsequenter Unbuntaufbau garantiert stabile Graubalance. Die Verfahrenstechnik ist unempfindlich gegen Farbführungsschwankungen. Da nur eine einzige Farbschicht an jeder Papierstelle liegt, können dünnste Papiere bedruckt werden. Pudern ist nicht mehr nötig, da es keine Trocknungsprobleme gibt. Wir haben optimale Farbwiedergabe in den Farbbereichen Violettblau, Grün und Orangerot, da diese Farben als leuchtende reine Druckfarben zur Verfügung stehen. Die Toleranz der Farbschwankungen im Auflagendruck ist minimal. Geringster Einsatz von Druckfarbe und Papier ist möglich. Die Maschinen können auf höchsten Touren laufen, und schließlich haben die Druckbogen ein optimales Stapelverhalten, da ja überall nur eine Farbschicht auf den Bedruckstoff aufgetragen wurde.

Für die Realisierung des beschriebenen »Druckverfahrens mit nebeneinanderliegenden Flächenelementen« gibt es eigentlich nur zwei Probleme:

1. Die beschriebene Verfahrenstechnik steht und fällt mit der Präzision des Passers im Druck. Denn die winzigen Teilflächen-Elemente würden bei Registerschwankungen nicht mehr nebeneinanderliegen, sondern übereinander zu liegen kommen. Dadurch würde es »Blitzer« zwischen den Flächenelementen

geben, durch die die Farbe des Bedruckstoffs sichtbar und wirksam würde.
2. Deckende Druckfarben, wie sie beschrieben und gefordert worden sind, existieren heute nicht auf dem Markt. Denn die Entwicklung des Mehrfarbendrucks ist in den letzten Jahrzehnten ausschließlich in die Richtung optimaler Transparenz gegangen.

Wenn wir uns allerdings überlegen, daß aller Erfahrung nach die technische Entwicklung sehr viel weiter geht, als wir uns heute vorzustellen vermögen, darf angenommen werden, daß es für diese beiden geschilderten Probleme eine Lösung geben wird. Denn die technologischen und ökonomischen Vorteile der beschriebenen Verfahrenstechnik sind so überragend, daß es nur eine Frage der Zeit zu sein scheint, wann für die Probleme Lösungen gefunden werden.

Technische Entwicklungen vollziehen sich Schritt für Schritt. Nachdem wir als »Vision« die ideale Technologie des Mehrfarbendrucks beschrieben haben, ist jetzt die Frage zu stellen, welche Schritte heute in Richtung auf ihre Realisierung möglich sind? Was ist von den geäußerten Gedanken heute umsetzbar?

Das an zweiter Stelle genannte Problem wird gegenstandslos, wenn wir uns entschließen, weiter auf weißem Papier zu drucken. Dann können wir nämlich nicht nur auf die Druckfarbe Weiß verzichten, sondern wir können auch mit den vorhandenen transparenten Druckfarben arbeiten. Ein irgendwie gearteter Nachteil kann dadurch nicht entstehen.

Die Herstellung der Farbauszüge für sieben bzw. acht Druckfarben mit Scannern oder EBV-(Elektronischen Bildverarbeitungs-) Systemen ist angesichts der Erkenntnisse der Farbenlehre ohne Schwierigkeiten lösbar. Das Generieren der maximal vier geometrischen Elemente in jeder Teilflächen-Einheit sollte bei der vorhandenen Lasertechnik ohne weiteres machbar sein.

Es bleibt also nur das Passer-Problem, das Problem des registergenauen Zusammendrucks der Einzelfarben. Dieses Problem ist einerseits abhängig von der Größenstabilität des Bedruckstoffs und andererseits von der Feinheit der Flächenelemente. Möglicherweise ließe sich das Passer-Problem am ehesten dort lösen, wo Material eingesetzt wird, das absolut größenstabil ist, nämlich im Blechdruck oder bei Kunststoffolien. Papier ist bekanntlich nicht größenstabil, weil die einzelnen Papierfasern »hygroskopisch« sind: Sie reagieren auf die Luftfeuchtigkeit. Bei hoher Luftfeuchtigkeit wird das Papier größer, bei niedriger wird es kleiner.

Wenn man diese Verfahrenstechnik entwickeln und erproben will, muß man demnach mit einer Größe der Einzelelemente beginnen, die so groß ist, daß die prozeßbedingten Passerschwankungen zu verkraften sind. Vermutlich würde man die beschriebene Verfahrenstechnik bei einer Auflösung, die einem 24er Raster entspricht, durchaus beherrschen können. Vielleicht würde man auf Anhieb auch eine Auflösung bereits beherrschen, die einem 30er Raster entspricht. Von hier aus müßte die weitere Entwicklung auf eine Verfeinerung der Auflösung zulaufen, solange, bis die geforderte Feinheit der Bildauflösung erreicht ist, die etwa einem 70er Raster entspricht.

Die beschriebene Technologie des Sieben- bzw. Acht-Farben-Drucks mit nebeneinanderliegenden Flächenelementen bietet sich nicht etwa nur für ganz besondere Aufgaben an, bei denen es auf größte Genauigkeit der Farbwiedergabe und auf engste Toleranz ankommt und bei denen leuchtende reine Farben in den Bereichen Violettblau, Grün und Orangerot vorkommen, sondern für alle großen Druckaufträge überhaupt.

Nehmen wir als Beispiel einen Versandhauskatalog. In der Auflage sind heutzutage die reinen Kosten für Druckfarbe pro Katalogseite zwei- bis dreimal höher als die Kosten für die Reproduktion. Mit anderen Worten: Die Druckfarben sind in der Kalkulation ein größerer Posten als die gesamte Reproduktion. Nehmen wir an, die reinen Kosten der Druckfarbe addieren sich bei einem Versandhauskatalog auf (um irgendeine Zahl zu nennen) 2 Millionen. Nehmen wir weiter an, die durchschnittliche Flächendeckung im Vier-Farben-Druck liegt bei 180%, was für jede Einzeldruckfarbe einer durchschnittlichen Flächendeckung von 45% entspricht. Das ist sicherlich ein relativ niedrig angesetzter Wert.

Würde dieser Katalog in der beschriebenen neuen Technologie hergestellt, dann läge beim Einsatz von sieben Druckfarben und weißem Papier die durchschnittliche Flächenbedeckung (hochgerechnet) bei, sagen wir, 90%. Es würde in diesem Fall genau die Hälfte der Druckfarben benötigt. Damit kann auch die Hälfte der

Kosten für Druckfarbe, nämlich 1 Million, eingespart werden. Gleichzeitig hätte man aber alle Vorteile eines absolut stabilen Prozesses, der besseren Farbwiedergabe und der problemlosen Weiterverarbeitung.

Allerdings müßten natürlich die Druckbogen oder die Papierbahnen statt durch vier Druckwerke durch sieben Druckwerke laufen. Und natürlich benötigt man anstelle von vier Farbauszügen sieben Farbauszüge und anstelle von vier Druckplatten sieben Druckplatten. Diese zusätzlichen Fertigungskosten würden aber möglicherweise bei einer hohen Auflage allein durch die Einsparung von Druckfarbe mehr als wettgemacht. Mit anderen Worten: bei geringeren Rohstoffkosten und aufwendigerer, aber problemloserer Produktion könnte ein Ergebnis erzielt werden, das qualitativ wesentlich besser ist.

Schlußbetrachtung

Farbenlehre ist, wie dieses Buch deutlich macht, nichts anderes als die Lehre des Sehens. Wir haben festgestellt, daß Farbmischgesetze Interpretationsmöglichkeiten jener Gesetzmäßigkeit sind, nach der das Sehorgan arbeitet.

Reproduktionsprozesse sind Manipulationen des Sehorgans.

Beim Fernsehen wird der ins Auge fallende Farbreiz direkt manipuliert. Das vollzieht sich nach der Gesetzmäßigkeit der Additiven Mischung. Durch Modulation der Farblichter Violettblau, Grün und Orangerot werden die Empfindungskräfte des Sehorgans selektiv angesprochen und aktiviert.

Sowohl bei der Buntfotografie wie beim konventionellen Buntdruck liegt die Gesetzmäßigkeit der Subtraktiven Mischung zugrunde. Jetzt hat sich die Manipulation in den Materialbereich verlagert. Bei der Subtraktiven Mischung handelt es sich um die extreme Möglichkeit, die durch das Zusammenwirken von bunten Filterschichten gegeben ist. Diese Filterschichten sind gegenfarbig zur spektralen Empfindlichkeit der drei Zapfentypen in der Netzhaut des Auges. Je nachdem, welche Teilmengen für einen Bildpunkt zusammenkommen, werden durch Absorption aus der Strahlung des Beleuchtungslichtes jene Intensitäten entfernt, die für den Farbreiz nicht benötigt werden. Der Lichtstrahl passiert nacheinander die transparenten Filterschichten. In jeder einzelnen Filterschicht wird er durch Absorption verändert, bis schließlich die benötigte spektrale Zusammensetzung des Farbreizes zustande kommt.

Beim Malen mit deckenden Farbmitteln, zum Beispiel Künstler-Ölfarben oder Lackfarben, gilt das Gesetz der Integrierten Mischung. Auch diese Gesetzmäßigkeit vollzieht sich im Materialbereich. Auch hier haben wir es damit zu tun, daß der Farbreiz durch die Absorption des Materials zustande kommt. Aber es handelt sich bei der Integrierten Mischung um ein völlig anderes Prinzip: um den Mengenaustausch. Denn jetzt haben wir es mit einer einzigen deckenden Farbschicht zu tun, die auf beliebigfarbiges Material aufgetragen werden kann. Von den acht notwendigen Grundfarben kommen maximal vier in einer Mischung zusammen. Die Summe der Teilmengen, aus denen eine Farbnuance zusammengesetzt ist, wird immer zur mathematischen Menge 1 bzw. zu 100%. Deswegen können Teilmengen einer Grundfarbe, mit der man das Mischergebnis verändern will, nur dann dazukommen, wenn vorher Teilmengen einer anderen Grundfarbe weggenommen worden sind, so daß »Platz gemacht« wurde.

Unsere Überlegung führte nun zu der Erkenntnis, daß im orthodoxen Mehrfarbendruck geometrische Flächenelemente in allen acht Grundfarben durch das Gesetz der Subtraktiven Mischung dadurch entstehen, daß lasierende Schichten von Druckfarbe übereinanderkommen. Bei einer solchen Technik gibt es nicht nur viele Probleme, von denen die Graubalance, die Farbannahme und die Trocknung die bedeutendsten sind. Es gibt auch Einschränkungen in der Farbwiedergabe, denn die Farbbereiche Violettblau, Grün und Orangerot können nur unbefriedigend wiedergegeben werden, da Fehltransmissionen und Fehlabsorptionen sich bei den übereinanderliegenden Farbschichten addieren. Deswegen können reine leuchtende Farben in den genannten Farbbereichen nicht entstehen.

Ausführlich wurde erklärt, daß es für das Prinzip des Buntaufbaus in der Buntfotografie keine Alternative gibt. Es wurde dargestellt, daß das für die Technik des Buntdrucks nicht gilt. Für den Buntdruck gibt es zum Buntaufbau die Alternative des Unbuntaufbaus. Damit kann eine absolut stabile Graubalance im Druckprozeß erreicht werden, und sowohl das Farbannahme-, als auch das Trocknungsproblem wird wesentlich verkleinert. Allerdings bleibt beim Vier-Farben-Druck die Problematik der schlechten Farbwiedergabe in den Farbbereichen Violettblau, Grün und Orangerot die gleiche, unabhängig davon, ob er nach dem Prinzip des Buntaufbaus oder nach dem des Unbuntaufbaus durchgeführt wurde.

Unsere Überlegungen führten uns zu der logischen Konsequenz, daß für Drucksachen höchster Qualität ein Sieben-Farben-Druck nötig ist, der für besondere Aufgaben zur Verfügung stehen sollte. Er würde nämlich das Problem der Farbwiedergabe in den kritischen Farbbereichen Violettblau, Grün und Orangerot lösen, er brächte darüber hinaus eine weitere wesentliche Prozeßstabilisierung in bezug auf Farbannahme- und Trocknungsprobleme.

Schließlich wurde dargestellt, daß für ein perfektes Druckverfahren alle acht Grundfarben als deckende Druckfarben zur Verfügung stehen müssen. Wenn das der Fall ist, wird an keiner Stelle des Bedruckstoffs mehr als eine Farbschicht benötigt. Damit wäre eine optimale Farbwiedergabe für sämtliche Farbbereiche sichergestellt. Die Farbe des Bedruckstoffs könnte dabei beliebig gewählt werden. Dieser Prozeß wäre von der größtmöglichen Stabilität. Farbführungsschwankungen würden so gut wie überhaupt keinen Einfluß auf die Qualität des Endproduktes haben. Und da an jeder Stelle des Bedruckstoffs eine einzige Farbschicht vorhanden ist, gäbe es weder Trocknungs- noch Farbannahmeprobleme.

Da deckende Druckfarben nicht zur Verfügung stehen, wurde darauf hingewiesen, daß dieses Prinzip auch mit lasierenden Druckfarben durchgeführt werden kann, wenn der Bedruckstoff eine weiße Oberfläche hat. Dann kann selbstverständlich die Druckfarbe Weiß entfallen.

Eine solche Drucktechnik würde bei den schwierigsten Farbtönen exakte Farbwiedergabe im Auflagendruck garantieren, die Toleranzen innerhalb der Auflage wären minimal. Im übrigen würde eine Drucktechnik mit nebeneinanderliegenden Flächenelementen nicht nur zu wesentlich höherer Qualität der Produkte führen, sondern diese besseren Produkte könnten bei wesentlich geringerem Einsatz von Rohstoffen entstehen.

Bibliografie der Arbeiten von Harald Küppers

Buchpublikationen

Farbe – Ursprung, Systematik, Anwendung
Einführung in die Farbenlehre
196 Seiten mit 102 ganzseitigen, davon 85 mehrfarbigen Abbildungen. Schutzumschlag mit Klebemodellen. Leinen
Callwey Verlag, München 1972
3. überarbeitete und erweiterte Auflage 1977
Übersetzt in Englisch, Französisch, Spanisch und Japanisch

Die Logik der Farbe
Theoretische Grundlagen der Farbenlehre
176 Seiten mit 258 einfarbigen und 12 ganzseitigen mehrfarbigen Abbildungen. Leinen
Callwey Verlag, München 1976
2. überarbeitete und erweiterte Auflage 1981

Das Grundgesetz der Farbenlehre
216 Seiten mit 66 mehrfarbigen Abbildungen und 86 Zeichnungen
DuMont Buchverlag, Köln 1978 (DuMont Taschenbücher, Bd. 65)
3. Auflage 1983
Übersetzt in Englisch und Spanisch

DuMont's Farben-Atlas
Über 5500 Farbnuancen mit Kennzeichnung und Mischanleitung
(Systematische Farbtabellen für Unbuntaufbau und Buntaufbau)
163 Seiten mit 48 Farbtabellen und 27 Zeichnungen
DuMont Buchverlag, Köln 1978 (DuMont Dokumente)
3. verbesserte Auflage 1983
Übersetzt in Englisch, Spanisch und Japanisch

Fachaufsätze zu Themen der Druckindustrie

(bis Februar 1985)

Dreifarbsatz oder Vierfarbsatz	Der Druckspiegel Heft 2/1961
Das alte und das neue Verfahren Das elektronische Gravierverfahren	Der Druckspiegel Heft 3/1961
Elektronische Kontraststeigerung und Schärfe	Der Druckspiegel Heft 4/1961
Gradation und Bildwirkung	Der Druckspiegel Heft 6/1961
Techniken der Wiedergabe von Halbton- bildern in Tageszeitungsanzeigen H. Küppers und W. Müller Farbige Tageszeitungsanzeigen und Graphikationen	Der Druckspiegel Heft 10/1966
Techniken der Wiedergabe von Halbton- bildern in Tageszeitungsanzeigen H. Küppers und W. Müller (Nachdruck aus Druckspiegel 10/1966)	The INCA monthly, Darmstadt Heft 4/1967 S. 8–18
Kontrolle der Farbführung und Qualität an Vierfarben-Bogenrotation	Graphische Woche Heft 32/1967 S. 1631–1632
Der Einfluß des Lichtes bei der Beurteilung von Vorlagen und Drucken (Referentenmappe)	Bundestagung Chemigrafie 1967, Bad Kissingen
Die Bedeutung des Lichtes bei der Beurtei- lung von Farben 1. Kapitel	Der Druckspiegel Heft 8/1967
Die Bedeutung des Lichtes bei der Beurtei- lung von Farben 2. Kapitel	Der Druckspiegel Heft 9/1967
Die Bedeutung des Lichtes bei der Beurtei- lung von Farben 3. Kapitel	Der Druckspiegel Heft 10/1967

Verantwortung für die Zukunft Diskussionsbeitrag zum Entwurf für eine Norm DIN 16538 »Europa-Skala«	Graphische Woche Heft 1/1968 S. 20–22
Bedeutet gute Bildwirkung gute »Qualität«?	druck print Heft 3/1969 S. 218–222
Durch FE-Lithos Herstellung eines Olympia-Bildbandes in Rekordzeit	zv + zv Zeitschrift für Presse und Werbung, Bonn Heft 11/1969 S. 465
Welche Farbbezeichnungen sind richtig?	Deutscher Drucker 19. 2. 1970 S. 1
Zur Diskussion gestellt: Welche Farbbezeichnungen sind richtig?	Deutscher Drucker 23. 4. 1970 S. VI
W+K präsentiert ersten Magnascan in der BRD	Offsetpraxis Heft 7/8–1971 S. 52–54
Farbtheorie und selektive Farbkorrektur	druck print Heft 9/1972 S. 433–435, Nr. 6
Die Entwicklung der Reproduktionstechnik Aus grafischen Kunstanstalten werden reproduktionstechnische Betriebe	Papier- und Kunststoff-Verarbeiter Berger-Verlag Heft 2/1972 S. 34–40
Wie falsch sind unsere Grundfarben? (Farbentheorie in neuer Sicht)	Der Polygraph Heft 1/1973
Ein neues Kennzeichnungssystem für Farbnuancen	Der Polygraph Heft 26/1973 S. 911–912 Nr. 12
Was weiß ein Drucker über Farbenlehre?	Deutscher Drucker Heft 5/1973 S. 8–14

Die Farbmischgesetze	Deutscher Drucker Heft 37/1973 S. 12, 14, 24
Nutzanwendung von Farbsystemen in der Reproduktionstechnik (Referentenmappe)	Bundestagung 1973 des Fachverbandes Reproduktions-technik Timmendorfer Strand 3. Mai 1973
Was weiß ein Fachmann der Druckindustrie über Farbenlehre?	Graphia, Organ der leitenden Ange-stellten Grafischer Betriebe, Zürich Nr. 2, 52. Jahrgang, Febr. 1973 S. 73
Reliefklischees – Problemlösung für Tages-zeitungsanzeigen	zv + zv Zeitschrift für Presse und Werbung, Bonn Heft 45/1974 S. 1452–1453
Farben, Bilder, Technik (Berufe der Reproduktionstechnik)	Frankfurter Neue Presse 16. März 1974 S. 3
Betriebsabrechnung und Datenverarbeitung im Repro-Betrieb (Fachöffentliches Seminar in Buchschlag bei Frankfurt/Main)	Deutscher Drucker Heft 25/1974 S. XI-XII
Bessere Anzeigenqualität in der Tageszei-tung durch »Relief-Klischees«	Der Druckspiegel Heft 2/1975 S. 110–112
Problematik der Farbwiedergabe	zv + zv Zeitschrift für Presse und

	Werbung, Bonn Heft 34/1975 S. 983–985
Problematik der Farbwiedergabe derselben Vorlage in verschiedenen Zeitungen und Druckverfahren (Referentenmappe)	IFRA-Symposium 4./5. März 1975, London
Schleudern in der Reprobranche	Druckwelt Heft 1/2–1976 S. 14–16
Zur erfolgreichen Praxis gehört die Theorie (Interview)	Der Polygraph Heft 10/1976 S. 690–694
Küppers neue Farbentheorie (Ergeben sich Konsequenzen für die Druckindustrie?)	Druckwelt Heft 17/18–1976 S. 667–670
Konsequenzen aus einer neuen Farbentheorie (Nachdruck aus Druckwelt 17/18–1976)	Druckindustrie Heft 12/1976 S. 354/355
Die theoretischen Grundlagen des Mehrfarbendrucks 40 Jahre nach Neugebauer Teil 1	Der Polygraph Heft 17/1976 S. 1133–1136
Die perfekte selektive Farbkorrektur	Deutscher Drucker Heft 34/1976 Seite 2–8
Die theoretischen Grundlagen des Mehrfarbendrucks 40 Jahre nach Neugebauer Teil 2	Der Polygraph Heft 19/1976 S. 1324–1329
Die Unbuntwerte müssen durch Teilmengen von Schwarz ersetzt werden	Offsetpraxis Heft 10/1976 S. 52–54
Die W+K-Testform	Der Druckspiegel Heft 11/1976 S. 926–928
W+K-Testform weiter im Gespräch	Druckwelt Heft 1/1977 S. 45

Farbmetrik in der Sackgasse (Kritische Betrachtungen zum Taschenbuch von Manfred Richter »Einführung in die Farbmetrik«, Teil 1)	druck print Heft 1/1977 S. 18–20
Farbmetrik in der Sackgasse (Kritische Betrachtungen zum Taschenbuch von Manfred Richter »Einführung in die Farbmetrik«, Teil 2)	druck print Heft 2/1977 S. 64–66
Betriebsabrechnung oder »Aktive Unternehmensführung«?	Druckwelt Heft 5/1977 S. 256–259
Eine Möglichkeit: Der Sieben-Farben-Druck (Industrielle Kommunikation als unternehmerische Aufgabe, 4)	Frankfurter Zeitung Blick durch die Wirtschaft 10. 3. 1977, S. 1
Das Superdruckverfahren – Wo liegen die Chancen?	Druckwelt Nr. 9/1977 S. 540–545
Investitionen müssen Rationalisierungseffekte bringen	Druckwelt Heft 10/1977 S. 602
Mitarbeiterbeteiligung – Weg zum sozialen Frieden? (Interview)	druck print Heft 8/1977 S. 461, 463–464
Verständigungsprobleme in der Farbenlehre durch Normierung der Begriffe beseitigen	Der Polygraph Heft 6/1978 S. 399, 400, 402, 404, 406
Die »revolutionierende« Rolle des Schwarz im Mehrfarbendruck	Der Polygraph Heft 10/1978 S. 737–742
Ist der Schwarzaufbau technologisch überlegen? DuMont's Farben-Atlas will es beweisen	Druckwelt Heft 12/1978 S. 739–741
Unbuntaufbau im Mehrfarbendruck: »Denkmodell« oder Gebot der Vernunft?	Der Poygraph Heft 13/1978 S. 1059–1061

Interesse? – Wer soll was tun? (Glosse zum Unbuntaufbau)	Deutscher Drucker Heft 31/1978, S. III
Konsequenzen, die sich aus der Farbentheorie für den Mehrfarbendruck ergeben	Deutscher Drucker Heft 33/1978 S. 40, 42–44, 46
Farbentheorie und Unbuntaufbau (Leserbrief)	Druckwelt Heft 7/1979 S. 414
Farbenlehre. Basis für technologische Innovationen	Druckwelt Heft 11/1979 S. 757, 758, 763
Kann Mehrfarbendruck mit vier bunten Farben sinnvoll sein?	druck print Heft 6/1979 S. 434, 437, 438
»Etwas« zur Theorie des Farbendrucks	Der Druckspiegel Heft 7/1979 S. 678–680
Farbwiedergabe zwischen Originalwerk und Mehrfarbendruck	Farbe + Design Heft 12/1979 S. 30–35
Die Zweitvorlage als Farbaufsichts-Fotomontage	Der Druckspiegel Heft 3/1980 S. 219–226
Der Offsetandruck mit Produktionsmaschinen	Druckwelt Heft 7/1980 S. 401–402
Die Druckindustrie benötigt dringend die Norm DIN 16605 (Ein Beitrag zur Normierung der Beleuchtungs- und Betrachtungsbedingungen in der Druckindustrie)	Der Polygraph Heft 12/1980 S. 1045, 1046, 1048
Farbentheoretische Überlegungen zum Mehrfarbendruck	Fachhefte Heft 5/1981 S. 226–237
Farbenlehre als Unterrichtsfach in unseren Berufsschulen	Der Polygraph Heft 5/1982 S. 270–274

Farbentheoretische Überlegungen zum Mehrfarbendruck	Deutscher Drucker Heft 31/1982 S. 11–23
Unbuntaufbau: Konsequenzen aus Farbentheorie ziehen	Deutscher Drucker Heft 16/1983 S. XXII
Bunt- oder Unbuntaufbau. Begriffe zum mehrfarbigen Bildaufbau	Technischer Informationsdienst Bundesverband Druck III/1983 (Juli 83)
Die »W+K-Unbunt-Testform« – damit Drucker ihre Druckbedingungen für W+K-Unbuntlithos kennen	Deutscher Drucker Heft 24/1983 S. 19–22, 25
Der Unbuntaufbau und seine Vorteile	Druckwelt Heft 16/1983 S. 36–42
Zum Patent angemeldet: Druckverfahren mit nebeneinanderliegenden Flächenelementen 1. Teil	Der Polygraph Heft 17/83 S. 1055–1058
Der »Vater« des Gedankens schützt sein geistiges Eigentum (Leserbrief)	Deutscher Drucker Heft 26/1983 S. XVIII
Zum Patent angemeldet: Druckverfahren mit nebeneinanderliegenden Flächenelementen 2. Teil	Der Polygraph Heft 18/83 S. 1144–1146
Der Unbuntaufbau im Auflagendruck	Der Druckspiegel Heft 9/1983 S. 709–715
Neue Namen und Begriffe sind wie Vokabeln einer fremden Sprache. Begriffe für den mehrfarbigen Bildaufbau	Der Polygraph Heft 19/1983 S. 1257, 1259, 1261
Offizelle Sprachregelung, damit die »Unbuntsprache« nicht zu bunte Blüten treibt	Deutscher Drucker Heft 27/1983 S. 32–34

Vom Buntaufbau zum Unbuntaufbau	Offsetpraxis Heft 10/83 S. 36, 38, 39, 42, 43
Rationalisierung durch Unbuntaufbau	druck print Heft 10/1983 S. 584–586, 588–590
Abmusterungslicht in der Druckindustrie	Technischer Informationsdienst des Bundesverbandes Druck IV/83
Abmusterungslicht in der Druckindustrie	Der Polygraph Heft 3/1984 S. 211–214
From Colour Theory to Achromatic Construction in Multicolourprinting	E P I Heft 1/1984 S. 26–29
Überraschende neue Möglichkeiten im Mehrfarbendruck	graphik visuelles marketing Heft 3/1984 S. 50–53
UCR und Unbuntaufbau	IFRA-zeitungstechnik Mai 1984 S. 4–6
Reprotechnik: Die Entwicklung läuft rasanter, als es unsere Phantasie erahnen läßt (Interview)	Druckwelt Heft 8/1984 S. 47–49
Eine traditionelle Ära geht zu Ende – eine neue Epoche kommt	Der Polygraph Heft 10/1984 S. 855–857
Die stochastische Rasterung aus der Perspektive des Reprotechnikers und Farbentheoretikers	Deutscher Drucker Heft 9/1984 S. VI
Qualitätssteigerung im Auflagendruck durch Unbunttechnik	Der Polygraph Heft 22/84 S. 1892, 1893

Farbauszugstechnik heute: dreifarbig, vierfarbig, Buntaufbau, Unbuntaufbau, UCR, BA	Offsetpraxis 2/85 S. 30–35

Didaktische Materialien

Schmincke's didaktische Materialien zur Farbenlehre
H. Schmincke & Co-GmbH & Co.KG., Erkrath
(Zu beziehen über den Künstlerfarben-Fachhandel)

Best. Nr. 75108
Küppers' Grundfarben-Satz
Acht Tuben (20 ml) System-Grundfarben, feine Studien-Gouache

Best. Nr. 82601
Küppers' Farbmischkurs
16 Seiten, 24 × 34 cm, zum Ausarbeiten.

Best. Nr. 82602
Küppers' Arbeitsblätter
Fünf Blätter, 24 × 34 cm, zum Ausarbeiten.

Best. Nr. 82610
Küppers' Klassensätze Arbeitsblätter
Zehn mal je vier Blätter, 24 × 34 cm, zum Ausarbeiten.

Best. Nr. 82701
Drei DIN-A2-Poster
Drei mehrfarbige Lehrtafeln in einer Rolle.

Best. Nr. 82801
DIN-A2-Arbeitsbogen
Zum Aussschneiden und Zusammenkleben eines Rhomboeder-Farbenraum-Modells

Best. Nr. 82802
Holzmodell des Rhomboeder-Farbenraumes, 83 cm hoch, bei dem die acht Grundfarben als bemalte Holzkugeln hervorgehoben sind

Dia-Serien für den Unterricht

Drei Dia-Serien zur Farbenlehre.
V-Dia-Verlag, Heidelberg 1983.
Jede Serie besteht aus zwölf Direkt-Kleinbilddias.
Serie 1: Einführung in die Farbenlehre.
Serie 2: Küppers' Farbmischkurs.
Serie 3: Ästhetische Unterscheidungsmerkmale und Ordnungssysteme.

Seminare

Jeweils im März und im November führt Küppers in eigenen Seminarräumen Tagesseminare zur Farbenlehre durch.
Themen:
»Pädagogisches Tagesseminar zur neuen Farbenlehre«
»Die Farbentheorie der Kommunikationsmedien Fernsehen, Foto und Druck«

Bibliografische Hinweise

auf Arbeiten, die sich vor 1976 mit der Frage auseinandersetzen, inwieweit die Unbuntwerte von Farbnuancen durch Weiß und Schwarz entstehen können

1921 Wilhelm Ostwald
Mathematische Farbenlehre, Band 1
Verlag Unesma GmbH, Leipzig

1939 Bonzanigo
Farbenmetrische Betrachtungen über die Möglichkeit der retouchelosen Klischeeherstellung bei Farbenrasterdruck
Diss. Zürich

1952 H. E. J. Neugebauer
Lichtelektrische Bildübertragungsgeräte für Reproduktionstechnik
Der Druckspiegel Nr. 6

1954 Philip E. Tobias
A Color Correction Process
Taga Annual Conference, S. 85–98

1964 Irving Pobboravsky
Transformation from a Colorimetric to a Three- or Four-Colorant System for Photomechanical Reproduktion
Photographic Science and Engeneering Nr. 3, S. 141–148

1967 J. A. C. Yule
Principles of Color Reproduktion
John Wiley & Sons, Inc., New York, S. 294–304

1971 Albert Klens
Über die Problematik des Schwarzauszuges für den Vierfarbendruck
Der Polygraph, Heft 7

1973 Karl-August Springstein
Grundsätzliches zur elektronischen Ton- und Farbwertkorrektur
Der Polygraph, Heft 11, S. 813–815

Von Harald Küppers erschien weiterhin in unserem Verlag:

Das Grundgesetz der Farbenlehre

216 Seiten mit 66 farbigen und 86 einfarbigen Abbildungen, Bezugsquellenverzeichnis, kommentierten Literaturhinweisen (DuMont Taschenbücher, Band 65)

»Es ist ein logisch aufgebautes Lehrbuch, das die Gesetze der Farbenlehre wie in einem Gesetzbuch abhandelt. Nach dem Lehrsatz folgt die Beschreibung eines Versuchs, der die Gültigkeit des Lehrsatzes beweist. Zumal der Leser die Versuche selbst schnell anstellen kann, wird er auch komplizierte Zusammenhänge begreifen können. Dieses Buch hat eine klare didaktische Konzeption. Es ist eine Studienausgabe für Drucktechniker, Künstler und Kunstpädagogen.« *Der Polygraph*

»Der Autor gibt mit diesem Taschenbuch eine allgemeingültige und allgemeinverständliche Farbenlehre, die auf den wissenschaftlich gesicherten Fakten aufbaut. Es werden alle Disziplinen und Anwendungsgebiete der Farbe einbezogen.« *Graphik*